[口袋版]

崔玉涛
图解家庭育儿

• 直面小儿过敏

• 崔玉涛 / 著

获得更多资讯，请关注：
科学家庭育儿微信公众账号

人民东方出版传媒
东方出版社

崔大夫寄语

从 2001 年起在《父母必读》杂志开办"崔玉涛医生诊室"专栏至今，在逐渐得到社会各界认可的同时，我也由一名单纯的儿科临床医生，逐渐成长为具有临床医生与社会工作者双重身份和责任的儿童工作者。我坚信，作为儿童工作者，就应有义务向全社会介绍自己的知识、工作经验和体会。

从 2006 年开办个人网站，到新浪博客之旅，又转战到微博，至今已连续 1400 多天没有中断每日微博的发布，累计发布微博达 6100 多条，粉丝达到 550 万。在微博内容得到众多网友的青睐之时，我深切感受到大家对更多育儿知识的渴求。微博虽然传播速度快，但内容碎片化，不能完整表达系统的育儿理念。于是，2015 年 2 月 5 日成立了"北京崔玉涛儿童健康管理中心有限公司"，很快推出了微信公众号"崔玉涛的育学园"和育儿 APP"育学园"，近期又在北京创立了第一家"崔玉涛育学园儿科诊所"。其目的就是全方位、立体关注儿童健康，传播科学育儿理念，为中国儿童健康服务。

为了能够把微博上碎片化的知识整理成较为系统的育儿理论，在东方出版社的鼎力帮助和支持下，经过一定的知识补充，以漫画和图解的形式呈现给了广大读者。这种活跃、简明、清晰的形式不仅是自己微博的纸质出版物，而且能将零散的微博融合升华成更加直观、全面、实用的育儿手册。本套图书共 10 本，一经面世就得到众多朋友的鼓励和肯定，进入到育儿畅销书行列。为此，我由衷感到高兴。这种幸福感必将鼓励我继续前行，为中国儿童健康事业而努力。

此次发行的版本，就是为了满足更多朋友的需要，希望将更多的育儿知识传播给需要的人们。我们一道共同了解更多育儿理念，才能营造出轻松、科学养育的氛围。我的医学育儿科普之旅刚刚启程，衷心希望更多医生、儿童健康工作者、有经验的父母加入进来，为孩子的健康撑起一片蓝天，铺就一条光明之路。

2016 年 9 月 18 日于北京

目录
contents

1 图解小儿过敏

2 小儿食物过敏

1 图解小儿过敏

过敏的现代认识

当人体免疫系统对来自空气、水源、接触物或食物中的天然无害物质出现过度反应时，就可认为人体出现了过敏。

人体免疫系统

天然无害物质

过度反应

什么是过敏

婴幼儿过敏目前是全世界最关注的公共健康问题之一，被称为 21 世纪最具流行性的非感染性疾病现象。

当人体免疫系统对来自空气、水源、接触物或食物中天然无害物质出现过度反应时就可认为人体出现了过敏。其中的三个关键词是：人体免疫系统、天然无害物质和过度反应。过敏不是因为免疫功能低下，反而是免疫功能异常增强而导致的。

过敏主要累及皮肤、消化系统和呼吸系统。累及皮肤可出现荨麻疹、血管神经性水肿或特异性皮炎（湿疹）；累及消化系统可出现呕吐、恶心、腹痛、腹泻、便秘、大便带黏液及血液、生长迟缓；累及呼吸系统可出现频繁打喷嚏、流鼻涕、咳嗽、喘息等。除了皮肤表现，过敏的其他表现不够特异，往往很难在早期得到诊断。

过敏的病理机制

IgE介导：急性发作，累及一个或多个器官。

累及皮肤：荨麻疹和血管神经性水肿。

累及呼吸系统：鼻结膜炎和哮喘。

累及胃肠道：恶心、呕吐和腹泻。

非IgE、细胞介导：

迟发或慢性发作，常见临床表现为小肠结肠炎和直肠炎。

IgE—非IgE联合介导：

急性、延迟或慢性发作，以特异性皮炎或一种嗜酸性胃肠病为表现。

4

过敏的三种类型

根据发生的不同机理，过敏可分为 IgE（血液免疫球蛋白 E）介导、非 IgE 介导和 IgE—非 IgE 联合介导三种类型。

IgE 介导类型发病急，遇到过敏原后数分钟至数小时内发病。皮肤可表现出荨麻疹、血管神经性水肿；呼吸系统表现出鼻炎、眼结膜炎、哮喘等；消化系统表现为恶心、呕吐、腹泻等。

非 IgE 介导类型发病缓慢，遇到过敏原后 48 至 72 小时才发病。主要出现消化道表现，类似肠炎。IgE—非 IgE 联合介导类型发病有时急，多数情况较为缓慢，以特异性皮炎（湿疹）或胃肠病为表现。

平常提到的过敏原检测包括皮肤点刺试验、血 IgE（免疫球蛋白 E）检测都是针对 IgE 介导过敏而言，所以不是所有过敏都能通过过敏原检测确定。孩子进食、接触或吸入某些物质后的反应及回避后症状消失的速度和程度，以及再次进食、接触和吸入后同样症状再次出现的速度和程度才是诊断过敏最准确的指标。

皮肤表现：瘙痒、红斑、荨麻疹、湿疹。

胃肠道：食后呕吐（注意不是溢奶）、腹泻、便秘，特别是腹泻、便秘交替出现、严重腹绞痛等。

过敏的表现

上呼吸道：鼻痒、打喷嚏、流涕、鼻塞等。

下呼吸道：咳嗽、胸闷、喘息、气短等。

过敏的三个不同阶段

过敏是人体免疫系统对外来物质的异常反应过程，它会随着时间不断变化。过敏有皮肤和胃肠道、上呼吸道及下呼吸道三个不同阶段的表现。

过敏主要影响人体三大系统：皮肤、消化系统和呼吸系统，其中胃肠和皮肤表现最早。进食后出现呕吐（注意不是溢奶）、腹泻、便秘，特别是腹泻、便秘交替出现以及严重腹绞痛等都可能是过敏表现。过敏常见于皮肤。急性过敏，即IgE介导过敏，表现为皮肤瘙痒、红斑、局部或全身风团表现——急性荨麻疹。嘴唇、脸部和眼周的急性血管神经性水肿也是过敏的急性表现。慢性皮肤过敏表现除了瘙痒、红斑外，主要为特异性皮炎（湿疹）。了解急慢性过敏表现，目的是为了尽可能从生活中寻找过敏原。

过敏时间较长后，可侵袭呼吸道。上呼吸道表现类似"感冒"，反复流涕、咳嗽、扁桃体肿大、腺样体肥大等。急性、IgE介导过敏的上呼吸道症状，包括鼻痒、打喷嚏、流涕或鼻塞、结膜炎等；下呼吸道症状包括咳嗽、胸闷、喘息或气短。对于"反复"呼吸道感染，必须区分是免疫功能低下所致，还是与过敏相关。没有结论之前，不要轻易使用免疫增强剂，以免过敏加重。

家长不要以为过敏会随着孩子成长一定会自动改善，过敏会随着时间的推移不断变化，有些情况会越发展越难治。家长只有了解了过敏的发展转变，了解了过敏的严重性，才能够做到及早预防和治疗。

过敏的诊断方法

家族史及个人史

皮肤试验

贴片　　　点刺 刮痕　　　皮内注射

血清学检测

- 总血清IgE—脐血IgE

- 特异性IgE（+/-；+++，++，+，±，-；具体数值）

食物回避　　激发试验

如何寻找过敏原

现在很多医院都在开展过敏诊断，包括皮肤点刺试验和血液免疫球蛋白 E（IgE）检测等。

皮肤点刺试验和血液免疫球蛋白 E（IgE）测试虽然都是测试 IgE 介导的过敏原，也都是常规检查，但测试机理不同。皮肤点刺试验是将过敏原试剂点刺于挑破的表皮内，以观察反应情况。如果测试前服用过抗过敏药物，必然会影响测试结果。而血液 IgE 检测是直接测定，不受药物影响。但是，只有血清免疫球蛋白 E（IgE）在体内达到一定浓度时才可被检测到。因此，往往是过敏症状在前，IgE 阳性检测结果在后，所以一岁之内或过敏症状短于六个月的婴幼儿，检测 IgE 不一定能得到阳性结果。

不论皮肤点刺试验还是血液免疫球蛋白 E（IgE）检测都是针对 IgE 介导的急性过敏，过敏还有非 IgE 介导的慢性过敏。过敏原检测阳性说明一定有过敏，但阴性也不能说明就没有过敏。所以要通过生活中孩子对食物或环境的切实反应来确定过敏原。

当怀疑存在过敏时，应及时去除怀疑的食物或远离怀疑的环境。若症状明显见好，再有意识地接触被怀疑的食物或环境；若过敏症状再次出现，即可确定过敏。若家长不能准确判断，可以请教医生。"食物回避＋激发试验"是诊断过敏的主要方法，血液检测等手段只能作为辅助。

千万不要依据过敏原检测结果作为孩子食谱的选择依据。

回避过敏原

螨虫、粉尘、狗毛过敏：去除家中地毯、挂毯、毛绒玩具，适当远离宠物等。

牛奶蛋白过敏：普通配方粉更换为深度水解或氨基酸配方粉。

鸡蛋过敏：停掉鸡蛋及含鸡蛋的食物。

霉菌过敏：避免潮湿环境、去除食用菌及发酵类食物。

崔医生，孩子对鸡蛋过敏，可是不吃鸡蛋会不会营养不够？

婴幼儿过敏的主要原因是食物。生长发育中，只要合理搭配食物，营养就不会出现缺失。比如不能吃鸡蛋时，在米粉、米粥或面条的基础上添加蔬菜和肉泥，一样能保证营养。

如何处理过敏原

由于婴幼儿免疫系统还处于发育过程中，因此如果早些发现过敏原，及早给予回避，随着婴幼儿免疫系统的逐渐成熟，过敏就会越来越弱，乃至完全根治。

对于过敏，很多时候家长不一定是不清楚过敏原，而是不知如何面对和处理过敏原。

去除过敏原就是回避引起过敏的食物、躲避引起过敏的环境，应在家进行。比如：对于螨虫、粉尘过敏，就应该去除家中地毯、挂毯、毛绒玩具等可能附着这些过敏原的物品；擦洗地面和桌面时，尽量使用清水，避免使用吸尘器；牛奶蛋白过敏，除了非常果断地更换为深度水解或氨基酸配方粉外，还不能进食任何含牛奶的食物和补充剂，更不要考虑继续试用或换成豆奶、羊奶；鸡蛋过敏就要果断停掉鸡蛋，同样不能进食任何含鸡蛋的食物；霉菌过敏，除了避免潮湿环境外，还要去除食用菌及发酵食物，包括发酵类食品。对待其他过敏的原则亦是同理。

很多家长认为中断过敏原是件非常困难的事情，实际上只要从生活中耐心寻找，加上过敏原检测，绝对可以找到过敏原。一旦找到过敏原，严格回避至少六个月，情况自然会有明显好转。

过敏有没有治疗的方法？

过敏当然有治疗的办法，治疗的方法有三种：

一种叫对症治疗

一种叫对因治疗

一种是特别普遍的治疗过敏的办法——益生菌疗法

免疫球蛋白E→刺激人体肥大细胞膜导致细胞膜破溃→释放组织胺→引起红、肿、痒等症状。

使用抗组织胺药物（开瑞坦、苯海拉明、仙特明）→组织胺减少→红、肿、痒等症状减轻。

激素（氢化可的松、派瑞松等）→稳定人体肥大细胞→减少或避免组织胺释放。

过敏的对症治疗

对过敏进行对症治疗，我们经常会采用药物。过敏跟人体内一种特殊的免疫球蛋白 E 有关，免疫球蛋白 E 会刺激人体肥大细胞膜使细胞膜破溃，进而释放一种物质——组织胺，从而引起红、肿、痒等过敏症状。现在最常见的抗组织胺药物一种叫开瑞坦，一种叫苯海拉明，还有一种叫仙特明。至于大家熟知的扑尔敏，现在已很少给婴儿和儿童使用。

当出现过敏症状时，由于体内被称为肥大细胞的一类特殊细胞会释放组织胺，引起红、肿、痒等症状，用了这种抗组织胺药物，组织胺就会减少，红、肿、痒等症状也就会减轻。

肥大细胞破坏会产生组织胺，使用抗组织胺药物虽然可以抵消组织胺引起的症状，但是不能从根本上阻止组织胺的产生。所以如果想长时间消除症状，就必须长时间使用抗组织胺药物，但这样不可避免会产生副作用。另外一种稳定肥大细胞膜的药物，就是激素。激素在治疗过敏中特别常见，比如氢化可的松、派瑞松等。激素会稳定肥大细胞，减少或避免组织胺的释放。尽管这两类药物——抗组织胺药物和激素，在治疗过程中非常常见，但都不是治疗过敏原因的药物。如果将过敏看作一个从头到尾的链条，那么药物只是治疗的最后一个环节，既非最佳，亦非最彻底。最标本兼治的治疗方法是针对病因的治疗。

过敏的对因治疗方法

用逐渐增加的微量牛奶蛋白、鸡蛋等逐步诱导体内对过敏原的耐受，最终治疗相应过敏，但儿童脱敏疗法尚在实验中。

过敏治疗中，脱敏疗法非常有前景，而且对成人已开始使用。目前，国外很多专家都在研究儿童脱敏治疗。

但这种方法，是由专业人员掌控的，利用特殊制剂完成的一种医学治疗方法。它不是我们拿家里的东西，比如孩子存在鸡蛋过敏，就给他少吃点鸡蛋，再多吃一点，从而给予刺激。

● 过敏的对因治疗

在开始考虑过敏的对因治疗前，我们首先需要考虑引起过敏的原因。比如，孩子存在牛奶蛋白过敏，那我们就要选择特殊的水解牛奶蛋白制剂。什么叫"特殊"呢？一个完整的牛奶蛋白，婴幼儿对它会出现过敏，那我们就可以将它分成很多很小的部分。这样，牛奶蛋白的营养价值可得以保存，而由于生物结构不完整，过敏性就会明显降低或消失。这种将牛奶蛋白结构变小的技术称为水解技术，水解后的蛋白质称为水解蛋白。根据水解的程度，将水解蛋白分成部分水解、深度水解和氨基酸配方。因为蛋白质最小的结构成分是氨基酸，所以对牛奶过敏的婴幼儿就只能选择氨基酸配方或深度水解配方。

当然过敏不仅仅有牛奶蛋白过敏这一种类型，它还有很多其他过敏原。比如婴幼儿有螨虫过敏，我们使用的是脱敏疗法。脱敏疗法是用特殊的制剂，根据特殊的规程，逐渐刺激孩子，从而使他最终达到脱敏。一般刚开始的时候，用特别少的抗原刺激孩子，然后慢慢地逐渐增多，最后达到他自己能够适应大剂量抗原，即对这个东西不过敏了，也就是耐受了。由于这是特殊的制剂，是经医学特别加工的制剂来给他进行脱敏疗法，所以这种脱敏疗法需要的时间有点长，一般在两到三年的时间内才能做完。不是打几针就能解决问题，因此如果孩子具有脱敏指征的话，需要给他连续使用。

益生菌在预防过敏中的作用

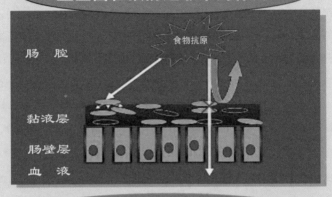

肠　腔

食物抗原

黏液层

肠壁层

血　液

肠道屏障功能不成熟

——渗漏现象

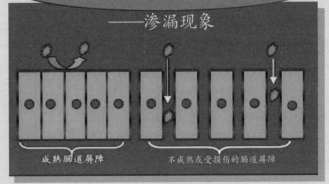

成熟肠道屏障　　　　不成熟或受损伤的肠道屏障

● 过敏的益生菌疗法

除对症治疗和对因治疗之外，还有一种特别普遍的治疗过敏的办法——益生菌疗法。其实过敏主要是从食物过敏开始的。食物过敏是食物吃到肚子里，胃肠道没有很好地消化就吸收了，造成了未充分消化的食物成分对人体的刺激。没有很好地消化就吸收，是因为肠道菌群不太健康所致。

不太健康的肠道菌群可导致食物在未能充分消化的状态下被吸收。由于食物消化吸收中需要肠道细菌的参与，所以说细菌是消化吸收中特别重要的一个环节。肠道细菌没有建立好，食物当然就不能很好消化而被吸收，这样在人体内自然就会引起过敏反应。益生菌治疗就是使不太健康的肠道菌群逐渐恢复健康，它可以通过刺激肠道细胞间的树枝状细胞、抗原递呈细胞等免疫细胞促进肠道成熟，与此同时又刺激了全身免疫系统的成熟。这个过程正好可以抵抗导致过敏出现的途径。

我们肠道中所有的细菌都是外来的，是通过食物、接触物等媒介进入消化道。没有一个肠道细菌是内在产生的，所以家长不用担心服用益生菌会使肠道内在的细菌受到破坏。实际上，服用益生菌可清除肠道内不健康的细菌，保存健康细菌。这样肠道才能更加健康，更好地促进食物的消化和吸收，以避免过敏，这也是从根上治疗过敏的一个特别重要的方法。

为什么孩子的肠道菌群不健康？这和两个因素有关：第一，家里太干净。太干净，接触物中的细菌减少，食物中的细菌减少，导致孩子吃进去细菌的机

益生菌：通过调节肠道内菌群，改善肠道健康的活菌。现在公认的有鼠李糖乳酸杆菌LGG、乳双歧杆菌BB12等。

益生菌

益生菌制剂的基本要求

安全　　有效　　持久稳定

益生菌的分级结构

属
种
(>100)
亚种
菌株
(>1000)

认识益生菌分级结构

- 不同菌株的不同作用
  - ——乳酸杆菌属
    - 鼠李糖乳酸杆菌种
      - ——LGG株——治疗婴幼儿湿疹
  - ——乳酸杆菌属
    - 鼠李糖乳酸杆菌种
      - ——GR-1株——治疗女性阴道炎

会也减少。第二，消毒剂使用得太频繁，导致吃进去消毒剂的机会增多。我想告诉大家，我们家里不需要消毒剂，因为我们家里不需要无菌，只需要干净。干净是通过清水擦洗以保持清洁的方法和状态。消毒剂的滥用，加上抗生素的滥用，会破坏肠道的正常菌群，导致肠道不健康。

现在越来越多的研究证实，益生菌制剂是可以治疗过敏的。所以在治疗过敏的同时，除了应用药物以外，还要用水解配方奶粉或者脱敏疗法，与益生菌一同治疗。

婴幼儿过敏的预防

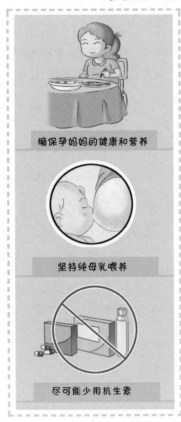

确保孕妈妈的健康和营养

坚持纯母乳喂养

尽可能少用抗生素

婴儿出生后尽快吸吮乳房

生活中去除消毒剂

消
毒
剂

按时预防接种

如何预防小儿过敏

预防婴儿过敏要从准妈妈怀孕期间开始准备，准妈妈的健康和营养状况以及孩子出生后尽早吸吮妈妈乳房第一口母乳喂养是预防过敏的关键。怀孕期间，应注意营养，特别是肠道和免疫状况。若孕前或怀孕期出现食物过敏，应尽可能躲避过敏食物；若孕期出现感染，要合理使用抗生素；若肠胃不适，应使用活性益生菌。有研究表明，孕末三个月服用益生菌，可以预防此后婴儿过敏。

另外，研究表明越来越多的过敏者与生活习惯有着不可分割的关系。过早添加配方粉、频繁使用抗生素、过度依赖消毒剂等都是诱发过敏的因素。

婴幼儿过敏从食物起步，主要是牛奶和鸡蛋。出生后过早添加牛奶，过度依赖蛋黄，与之越来越严重的"无菌"环境，都是导致过敏越来越多的因素。虽然说治疗过敏非常重要，但预防过敏才是重中之重。婴儿出生后要尽快吸吮乳房，以帮助和促进肠道菌群建立；生活中要去除消毒剂；坚持纯母乳喂养；尽可能少用抗生素；按时预防接种。

过敏是人体免疫系统对天然无害物质的过度反应，没有灵丹妙药可很快根治过敏，所以只有尽可能躲避过敏原，同时服用活性益生菌纠正免疫系统，坚持至少 3～6 个月才会初见成效。

2 小儿食物过敏

食物过敏：

反复暴露于某种特定食物时出现的由特异免疫反应引起的不良健康现象。

口腔过敏综合征
咽/唇/舌
水肿/瘙痒

腹泻
呕吐
拒食
反流
便秘
腹痛
直肠出血
生长发育迟缓

喘息
哮喘
咳嗽
鼻炎

食物过敏

湿疹
瘙痒
皮疹
荨麻疹
水肿
干燥

急性过敏综合征！

什么是食物过敏

食物过敏是反复暴露于某种食物后人体免疫系统出现的异常反应，不是所有食物进入人体都会出现异常反应，只有免疫系统不成熟的婴儿或免疫系统受破坏后（如反复使用抗生素等）才可能出现过敏。

食物过敏的最先、最常见的表现是消化道症状。进食一种食物后，快速出现唇、舌和上腭的血管神经性水肿，表现为明显口腔瘙痒或出现恶心、急性绞窄样腹痛、呕吐、腹泻等都应考虑为食物过敏。这些表现为 IgE 介导的过敏，也就是急性过敏。遇到这种情况，要及时停掉可疑食物，服用抗过敏药物。

食物引起过敏很多时候表现为慢性症状，比如治疗不见效的胃食道反流症、稀水便且排便次数增多、大便中含有血液和 / 或黏液、经常不明原因的腹痛、治疗效果不明显的婴儿肠绞痛、拒食或厌食、顽固性便秘、肛周红肿、皮肤苍白且经常疲惫等。遇到这些情况，请教医生，考虑是否与食物过敏有关。

如果发现儿童生长缓慢并伴有湿疹及至少一条胃肠道症状，包括胃食道反流症、稀水便且排便次数增多、大便中含有血液或黏液、腹痛、婴儿肠绞痛、拒食或厌食、便秘、肛周红肿等，应该考虑食物过敏。家长不能明确诊断时，应该请教有经验的儿科医生。

宝宝每次换奶粉都会有些拉肚子，是牛奶过敏吗？

由于每种配方粉的研究基础不同，各种营养素含量和种类也略有不同，所以更换配方粉后可能会出现轻微的肠道不适，几天就会消失。若出现严重不适，比如腹泻、呕吐、湿疹等，就要考虑新换的配方粉引起了诸如牛奶蛋白过敏、乳糖不耐受等问题。

大豆　配方粉　小麦　配方粉　鱼

孩子出现牛奶蛋白过敏，服用氨基酸配方粉后，大便发黑，味道很臭，怎么办？

这些不是需要担心的问题，过敏症状是否能够控制才是家长需要关注的。大便颜色会逐渐变黄，千万不要因为大便的颜色和气味就停止使用氨基酸配方粉。治疗过敏最为关键。

氨基酸配方粉

● 家长应该知道的小儿食物过敏知识

孩子出现了过敏，很多家长都会自责地认为是自己给孩子选择食物选择错了，其实不是这样，而是孩子免疫系统对这种天然无害物质出现了过度反应，问题在于免疫系统。

食物过敏是什么？是人体对食物出现了不耐受以后表现出来的一些异常表现，主要是消化道的表现。比如吃了某种食物以后，口腔可能出现瘙痒或疼痛等异样的表现；食物被咽下去以后，胃部会受到刺激而出现反流、呕吐，再往下会出现腹泻或便秘。如果有些食物人体的异样反应没有使我们认识到是食物过敏，我们继续给孩子吃，吸收到孩子体内，在体内出现反应，就可能出现皮疹，例如湿疹，所以湿疹实际是晚于消化道表现的。

很多家长对消化道表现认识的不是特别明了，因为我们刚才提到的反流、呕吐、腹泻、便秘，好像在小孩身上特别常见，家长不觉得这是一个什么特别的问题，很少会考虑到食物过敏。所以家长一定要记住，孩子吃了一种食物，出现了这样的反应，马上要停掉，如果停下来以后，这种表现就会消失，或者是明显的减轻，那就证实是这种食物引起了不耐受或过敏的表现。

那家长又会提出一个问题，孩子每天吃多种食物，我怎么知道是他对哪种食物过敏呢？在婴儿喂养过程中，为了能够确切地知道孩子对这种食物是否耐受，在给他食物的时候，一定要从单一品种做起。比如我们给孩子吃米粉，就吃纯米粉，婴儿营养米粉。纯米粉吃着有问题，那就是米粉的问题。如果直接

宝宝喝完配方粉后过敏严重，试过几个品牌都这样，应该换哪种奶粉呢？

奶粉分为四级

普通奶粉

（即整蛋白配方）

部分水解配方

（预防牛奶过敏不能治疗牛奶过敏）

深度水解

（治疗牛奶过敏）

氨基酸配方

如果发现婴儿对牛奶过敏，不要去更换品牌，更换不同品牌的普通配方不能解决问题，国外的普通奶粉也不能预防和治疗过敏。出现牛奶过敏，只能选用深度水解或氨基酸配方进行治疗。这种方法能在回避牛奶蛋白的同时保证婴儿的营养摄入，是非常正规、有研究证据的标准治疗牛奶蛋白过敏的方法。

牛奶过敏

深度水解

氨基酸配方

给他吃了奶米粉或麦米粉，出了问题后是米粉的问题，还是麦子的问题，还是奶的问题就不容易判断了。

现在很多家长给孩子吃的食物很杂，不是一种一种去吃，而是集中混在一块给孩子添加，一旦出现了问题，就将所有的都停掉，此时即使症状得到缓解，营养也会受到影响；如果不停掉，到底是哪种出的问题又很难猜测。所以对于食物过敏，我们要知道孩子的免疫系统在逐渐的发育过程中，对某种食物可能会出现不耐受或过敏的问题，所以我们在添加食物的时候一定要从单一品种加起，一种一种逐渐地加。加到哪个环节出了问题，马上就把这个品种的食物停掉，至少三个月以后再给孩子尝试，如果哪个品种吃了以后没有这样的反应，就可以继续添加。这样在孩子免疫系统逐渐发育、身体状况逐渐成熟的过程中，既能够接受你给他提供的各种各样的食物品种，又能保证孩子安全正常成长。

母乳喂养对婴儿健康的深远影响

减少疾病发生危险性：

中耳炎

上下呼吸道感染

泌尿道感染

感染性胃肠炎

早产儿的坏死性小肠结肠炎

过敏

肥胖

出生后三个月内婴儿喂养与感染的关系

前瞻性研究，根据社会阶层、母亲年龄和父母吸烟状况进行了必要的校正。

（Howie 等，1990年）

	全母乳喂养（n=95）	部分母乳喂养（n=126）	全配方粉喂养（n=257）	p
胃肠道的感染	2.9%	5.1%	15.7%	<0.001
呼吸道的感染	25.6%	24.2%	37.0%	<0.05

预防过敏一定要从第一口奶开始

婴幼儿过敏大都从食物过敏起步，现在太多婴儿出生后第一口吃的是配方奶。虽然妈妈们有诸多理由，生后还没有母乳、孩子哭闹、怕孩子出现黄疸、怕孩子营养不够等，但殊不知，第一口接受配方奶可造成牛奶蛋白过敏的开始——致敏。致敏也就是体内免疫系统出现异常表现——IgE 增高，当增高到一定程度时就会出现过敏症状。

预防过敏要从出生后第一口奶做起。婴儿出生后，吸吮妈妈乳房时，首先接触到的是妈妈乳头上需要氧气才能生存的需氧菌，继之是乳管内的不需要氧气也能存活的厌氧菌，然后才能吸吮到乳汁。生理母乳喂养是先喂细菌再喂乳汁的过程，这个过程能够促进孩子肠道正常菌群的建立，不仅利于母乳的消化吸收，而且能够促进免疫系统成熟，预防过敏发生。

当婴儿出生后体重下降未超过出生体重的 7% 时，就应坚持母乳喂养。若体重下降达到体重的 7%，则需在每次母乳喂养后补充配方粉，但应该是部分水解配方粉。坚持这个原则，很多婴儿就会直接进入纯母乳喂养过程。先吃普通配方奶，即使做到了纯母乳喂养，也可能出现"母乳喂养下牛奶蛋白过敏"。

什么是适宜的母乳喂养

- 每天8~12次母乳喂养
- 每次喂养完，至少一侧乳房已排空
- 哺乳时，孩子节律的吸吮伴有听得见的吞咽声音
- 出生后头两天，婴儿至少排尿1~2次
- 如果存在粉红色尿酸盐结晶的尿，应在出生后第三天消失
- 出生后第三天开始，每24小时排尿应达到6~8次
- 每24小时至少排便3~4次
- 每次大便应多于1大汤匙
- 第三天后，每天可排软黄便达4（量多）~10（量少）次

婴儿对母乳过敏

有的家长问有没有孩子对母乳过敏？的确有母乳喂养过敏的现象，但是发生率极低。如果真的是母乳过敏，必须选用深度水解蛋白配方或氨基酸配方。对于"母乳过敏"的诊断要慎重！

如果母乳喂养期间，孩子出现过敏表现，家长首先应该排除孩子经口摄入的其他食物或药物，比如：钙剂、鱼肝油、牛初乳、奶伴侣等，任何经口摄入的食物或药物都可能引起过敏。再有，从妈妈的饮食考虑，可以限制自己的饮食种类，比如鸡蛋、牛奶、带壳的海鲜和大豆等。如果有效，妈妈再一种一种添加，以此确定孩子对何种食物会有过敏反应。这样用排除筛查的方法寻找自己所接受过的何种食物会引起婴儿过敏，观察孩子反应，比如湿疹、肠绞痛、腹泻等严重程度有无改善。如果不见效，可以咨询儿科医生，以寻找原因。

另外，哺乳期的妈妈若发现进食某种食物后孩子出现全身红疹，并伴有痒感，属于急性（IgE 介导）过敏。应立即停止进食该种食物，并给孩子服用抗过敏药物，比如仙特明或开瑞坦，抗过敏药物可以很快缓解急性过敏症状。此时，妈妈继续母乳喂养期间也不要再进食这种食物了，至少三个月内应该禁止。

牛奶过敏的简易且非常有效的诊断和治疗

怀疑牛奶过敏

↓

回避牛奶食品+游离氨基酸配方（2~4周）

↓　　　　　　　↓

症状缓解　　　症状未缓解

初步诊断牛奶蛋白质过敏　　　儿科过敏专科医生

牛奶过敏儿虽在四岁后绝大多数能够耐受牛奶，但1/3会出现对其他食物过敏，其中95%会发展成鼻炎或哮喘。预防牛奶过敏非常重要！

1/3会出现对其他食物过敏　　这1/3中的95%会发展成为鼻炎或哮喘

出生后头6个月内纯母乳喂养是预防过敏的最好办法。

 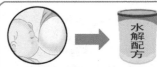

如实在不能母乳喂养时只能添加部分水解配方。

几乎每天在医院都会碰到过敏的孩子，几乎每天都会遇到第一口奶是奶粉的婴儿，真让人揪心！

只要婴儿出生后体重下降未低于出生体重的7%就应坚持母乳喂养！否则过早配方粉喂养会致婴儿牛奶过敏，今后出现鼻炎、哮喘的机会明显增多。

● 婴儿牛奶蛋白过敏的判断

牛奶蛋白过敏同样主要累及皮肤、消化和呼吸系统。怀疑孩子牛奶过敏时，家长不要依赖某些检查确诊，可以自己在家使用"食物回避 + 激发试验"来判断。

停止给孩子食入牛奶及含有牛奶的任何食物或药物，观察情况是否有所好转。如果情况有所好转，就应高度怀疑牛奶过敏。再次食入后症状再度出现，就可确诊。比如孩子进食奶粉后出现呕吐，再次进食后又呕吐，这就完成了"食物回避 + 激发试验"，就可认为孩子是牛奶蛋白过敏。一旦确诊，应停止食入牛奶及其制品至少 6 个月。

其他食物过敏与牛奶过敏相似，遇到可疑的过敏都要即刻停止喂养该食物，观察过敏现象是否能够好转。千万不要依赖白纸黑字的"检验报告"。因为任何检验都使用的是标准试剂进行检测，而非孩子的实际食物。孩子本身是最好的试金石，要相信孩子的表现。

母乳喂养的宝宝为何会牛奶蛋白过敏？

 因为牛乳中很多成分与母乳相似

牛奶蛋白过敏

早期出现牛奶蛋白过敏，会引起婴儿对某些母乳中的蛋白出现交叉过敏现象

还是呼吁——
婴儿出生后第一口
奶应该是——
母乳！

婴儿母乳喂养为何还会出现牛奶蛋白过敏

很多妈妈非常疑惑宝宝明明是母乳喂养，怎么还会出现"牛奶蛋白过敏"。其实，母乳喂养期间出现牛奶蛋白过敏的成因比较复杂，可能与宝宝出生后初期吃过配方粉有关，也可能与母乳喂养期间妈妈的饮食有关，还可能与其他添加剂，如钙剂等有关。但最主要还是因为很多宝宝出生后都接受过一些配方奶粉喂养。如果孩子出生后进食的第一口奶是牛奶，出现母乳喂养下牛奶蛋白过敏的机会就会较高。只要孩子出生后，特别是在母乳喂养期间接受过配方奶粉，就有可能开始牛奶蛋白过敏了。

当母乳喂养的宝宝出现牛奶蛋白过敏时，建议给宝宝停掉所有的添加剂，使用有效益生菌，不到万不得已不要停母乳，而妈妈要限制进食牛奶及其制品，这时妈妈必须通过钙剂进行自身需求的补充，同时还要补充适量维生素 D。

这里特别提醒诸位准妈妈注意，如果孩子出生后真的需要额外添加营养，可选用水解蛋白配方粉。

一年多前孩子湿疹来就诊过，确定是牛奶蛋白过敏，可是使用深度水解蛋白配方粉半年多，一点效果也没有。

我怀疑上次检测结果不准确，希望崔医生给重新检测。

宝贝，别哭闹了，来吃蛋糕。

蛋糕里有牛奶吗？

对呀！我怎么把这茬给忘了！

婴儿牛奶蛋白过敏的治疗

牛奶蛋白过敏有非常有效的治疗方法，这个方法就是，在停止牛奶制品喂养的同时，使用水解蛋白配方粉。

水解蛋白配方粉分为三级：部分水解配方粉，用于预防过敏，或者用于深度水解配方治疗后换成普通配方之前的过渡；深度水解配方粉，用于常规牛奶蛋白过敏的治疗；氨基酸配方粉，用于牛奶蛋白过敏的诊断和急性全身过敏反应、嗜酸性食道炎等特殊类型过敏。深度水解和氨基酸配方是治疗牛奶过敏的"药物"。如果食用氨基酸配方粉期间仍然出现过敏现象，说明孩子在牛奶蛋白过敏的同时还存在其他过敏问题。

牛奶蛋白过敏的婴儿，应先选用深度水解配方粉或氨基酸配方粉至少连续食用 3~6 个月，若无再次过敏，就可尝试在原有配方粉内添加少许（1/10）部分水解配方，根据耐受状况逐渐增加部分水解配方比例，直至全部使用部分水解配方，再坚持部分水解配方粉 6 个月，然后才能逐渐过渡到正常配方。整个过程应该在医生的指导下进行。由于特殊配方粉的味道与普通配方粉差异较大，转换特殊配方粉时应循序渐进。每次将一定特殊配方粉加到普通配方粉内，逐渐增加特殊配方粉的比例，两周内换成全部特殊配方粉即可。此间注意一定不能有牛奶以及其他奶制品的干扰，比如含牛奶的蛋糕或面包、酸奶、牛初乳、奶酪、乳钙等。否则即使使用再长时间的水解配方也达不到治疗过敏的效果。

牛奶过敏的发病迅速增加与以下几方面有关:

1. 孩子出生后第一口接受的是配方奶粉。

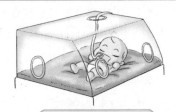

2. 剖宫产儿增多。

3. 家中过于干净近乎无菌。

4. 频繁使用抗生素。

5. 使用营养品或补充剂(绝大多数婴儿营养品中含有牛奶)。

婴儿对牛奶耐受不良的原因

婴儿对牛奶耐受不良主要从牛奶蛋白、乳糖和脂肪三方面考虑。牛奶蛋白与母乳蛋白不仅含量上差距大，而且分子结构差异大，容易造成婴儿牛奶蛋白过敏、生长过速等。牛奶中乳糖分子的空间结构与母乳中的不完全相同，又容易出现乳糖不耐受现象。另外，牛奶的脂肪结构与母乳不同，容易使婴儿出现便秘或腹泻。

牛奶蛋白中含有的 β－乳清蛋白和 α－酪蛋白是母乳中不存在的蛋白质。这两种蛋白质特别容易引起婴儿发生牛奶蛋白过敏。现有技术还很难在婴儿配方粉中完全去除这两种蛋白质。深度水解蛋白配方为水解乳清蛋白或水解酪蛋白，不仅牛奶蛋白分子变小，而且不会含有可能引起过敏的蛋白质。对牛奶蛋白的过敏分为急性过敏（IgE 介导）和慢性过敏（非 IgE 介导），急性过敏表现为急性荨麻疹、急性呕吐、急性腹泻等，会在食用牛奶后数分钟至数小时后出现，而慢性过敏，以湿疹为主要表现，食用牛奶至少 24 小时才有表现。

牛奶中含有乳糖，乳糖不耐受与牛奶蛋白过敏不同，多属于继发问题。肠道受损可出现乳糖不耐受性腹泻，所以才会出现肠炎、抗生素使用后，原本可以接受配方粉的婴儿突然变得不能接受，出现稀水样腹泻。此时，建议停用普通配方粉，换成不含乳糖的特殊配方粉，俗称"腹泻奶粉"。那么，对牛奶蛋白过敏的孩子，出现乳糖不耐受时，只能用不含乳糖且深度水解的特殊配方粉。

给婴幼儿添加鸡蛋时家长需要注意的几点：

1. 鸡蛋黄不是第一辅食，婴儿营养米粉才是。

2. 婴儿满8个月后才可开始添加煮熟的鸡蛋黄（煮熟的鸡蛋黄最容易被消化吸收）。

3. 一岁内不添加鸡蛋清。

4. 遇到吃鸡蛋后出现的呕吐、急性腹泻、湿疹等情况，不考虑消化不良，而要考虑与过敏有关，应及时停用，并坚持至少3个月。一旦确诊，就要停止食用鸡蛋至少6个月。

婴儿对鸡蛋过敏

很多家长认为鸡蛋在婴幼儿生长发育中非常非常重要，不可或缺，于是很早就给孩子添加鸡蛋。实际上，婴儿营养米粉才是婴儿的第一辅食，而鸡蛋不是，因为婴儿营养米粉是相对均衡的营养配方，所以出现不耐受或过敏的可能性极小。

婴儿在母乳喂养或配方奶喂养至满 4~6 个月后，才可考虑添加辅食。辅食首先可考虑比较均衡的婴儿营养米粉，继之菜泥、肉泥等。鸡蛋黄可在满 8 个月后添加，鸡蛋清则应在 1 岁后添加，这样可以减少很多鸡蛋过敏的发生。

一旦发现孩子对鸡蛋过敏，一定要停掉鸡蛋和一切含鸡蛋的食物至少 6 个月。有家长说给孩子停吃鸡蛋已一年，再吃鸡蛋时仍然过敏，是何原因？交谈发现，是因家长每隔 2~4 周就给孩子尝试吃一点鸡蛋，观察是否还有鸡蛋过敏。这种做法不仅未削弱过敏，反复刺激甚至会使过敏更加严重。躲避过敏原 6 个月，指的是在 6 个月内完全不能接触过敏原。

崔医师，我家宝宝才6个月，做过过敏原试验，居然对大米过敏！

对大米过敏的情况非常少见！如果孩子真的是对大米过敏，今后当然不能接受米粉，只能接受麦粉。但是一定要注意，是否有检验的误差。对小婴儿进行皮肤点刺试验或血液检测容易出现假性结果。建议孩子超过1岁后再次进行检测。

那大米过敏的宝宝可以吃什么代替大米啊？

当然应该接受水解米粉，只是目前国内市场上还没有这种产品。但很多国家都有专为大米过敏婴幼儿吃的免敏米粉和水解米粉。

为何不建议给 1 岁内的婴儿添加干果

大家注意到国外食品上会标有是否含有麸质。西方白种人中有一种隐性遗传病是不能接受麸质的，此病称为麦麸过敏症。

患麦麸过敏症者只能食用特别加工后的不含麸质的面食。在国外餐馆吃饭，服务员总会问及"是否需要面包"，实际上是在问"麦麸是否过敏"。但此病在中国人中发病率较低。只有麦麸过敏症的人群，才不能接受含麸质的普通麦子食品，其余绝大多数人群没必要考虑这种问题。

另外，国外很多食品包装上还都有这样的说明"peanut-free, gluten-free"，意思是不含花生，不含麸质。之所以标明，是因为花生过敏相当严重，容易造成急性全身过敏反应，甚至有可能危及生命，所以不建议给一岁以内的婴儿添加干果，包括花生等。

怀孕期间不让吃海鲜，怕小孩出生以后对海鲜过敏，当妈可真不容易！

没有研究证实怀孕期间母亲限制饮食可以减少今后婴儿过敏的风险。只有母乳喂养期间孩子出现反复湿疹等过敏表现时，母亲限制一定饮食可有效控制过敏的发生和发展。

听说还不能吃深颜色食物，怕以后孩子皮肤不好，是不是这样啊？

同样没有研究显示母亲吃深颜色的食物会影响孩子的皮肤。

崔医生，孩子进食鱼虾后身上起红包是过敏吗？

应该考虑是过敏。家长可进行实验：停止进食鱼虾3~7天，观察症状是否有好转或消失；再给孩子进食少许鱼虾，看症状是否又再次出现。以此确定是否真的是鱼虾过敏，如果是，至少要在半年内停止进食鱼虾。

您说哺乳期间妈妈不能吃鸡蛋、牛奶、海鲜吗？

不是说哺乳期妈妈不能吃鸡蛋、牛奶、海鲜等食物，而是纯母乳喂养宝宝出现严重湿疹时应考虑过敏，此时妈妈应该限制鸡蛋、牛奶和海鲜的食入。

给婴幼儿吃食物应该注意的问题

很多家长都非常关心应该怎样给婴幼儿吃食物，总体原则是：

1. 1 岁以内婴儿食物中不应包括鲜牛奶及其制品、大豆及其制品、鸡蛋白（清）以及带壳的海鲜；

2. 1 岁以内婴儿食物内不应额外添加食盐、食糖和其他调料；

3. 1.5 岁以内，奶是孩子的主食，不要让辅食喧宾夺主；

4. 孩子磨牙尚未长出前，应以泥糊状食品为主；

5. 根据孩子自身的接受程度，也就是孩子的过敏、腹泻、便秘等情况确定食物种类，不要盲目与别人家小孩儿相比。辅食添加是个体化喂养的体现，绝对不能横向攀比。

正确认识食物过敏

过敏是21世纪最具流行性的疾病之一！

婴幼儿过敏从食物过敏起步，皮肤、胃肠症状表现最先。

牛奶蛋白过敏是食物过敏中最常见，也是最早的食物过敏形式。

详细询问病史是诊断食物过敏的重要基础。

实验室检查能协助食物过敏的诊断。

"食物回避+食物激发试验"是食物过敏的确诊试验。

正确认识食物过敏

药物治疗可以获得暂时效果。

食物回避显效快，可采用治疗性诊断。

深度水解蛋白或氨基酸配方粉有利于
保证牛奶蛋白过敏期间婴幼儿的营养。

益生菌治疗过敏前景广阔。

预防食物过敏最为关键。

坚持母乳喂养至少6个月。

出生后头4~6个月最好纯母乳喂养。

用水解配方粉补充不足部分。

3 小儿过敏的表现与应对方法

过敏的临床表现

皮 肤	
IgE介导	非IgE介导
瘙痒	瘙痒
红斑	红斑
急性荨麻疹（局部或全身）	
急性血管神经性水肿（多见于嘴唇、脸部和眼周）	

过敏在皮肤上的表现主要分为两类：

急性的荨麻疹

慢性的湿疹

荨麻疹为急性发作，一般遇到过敏原数分钟至数小时内即可出现，来去匆匆，表现为规则不清、高出皮肤、奇痒的风团样皮疹。

二者的本质区别

湿疹为慢性发作，接触过敏原后72小时内发作，婴儿多从头面部开始，逐渐波及全身，遇热或潮湿时局部变红，表现为皮肤局部粗糙、脱屑，甚至常常伴有红肿、渗液和痒感增加。

● 过敏在皮肤上的表现

过敏在皮肤上的表现主要分为两类，一类是急性的荨麻疹，另一类是慢性的湿疹。

湿疹和荨麻疹都可能与过敏有关，但两者还是有着本质的不同。荨麻疹为急性发作，一般遇到过敏原数分钟至数小时内即可出现，来去匆匆，表现为规则不清、高出皮肤、奇痒的风团样皮疹。

湿疹为慢性发作，接触过敏原后72小时内发作，婴儿多从头面部开始，逐渐波及全身，遇热或潮湿时局部变红，表现为皮肤局部粗糙、脱屑，甚至常常伴有红肿、渗液和痒感增加。

只要出现过敏，就不是预防能解决的问题。首先，要果断去除过敏原，如牛奶过敏应立刻停止食用牛奶及所有含牛奶的食物；其次，妥善缓解和治疗过敏症状，即抗过敏药物的应用，比如用激素＋抗生素药膏治疗湿疹；再有，使用活性益生菌治疗改善免疫状况。

昨晚孩子发烧了，早上已经退烧，可是全身很多处起了很多风团，都是由小个开始然后大片大片地扩散，搽了东西稍缓解了一下，但依然不见消停，怎么办呢？

孩子身上起的是急性荨麻疹，风团样表现，属于过敏，与发烧没有直接关系。

首先应该考虑与药物过敏有关，比如抗生素等。

仅外用药效果不显著，应服用抗过敏药物，比如仙特明、开瑞坦等。

崔老师，三岁女儿突发过敏症状,大腿、屁股、胳膊、后颈随挠随有，发热38.8℃，请问如何处理？

应该是急性荨麻疹，属于急性（IgE介导）过敏反应。多于接触过敏原后数分钟至2小时发病，来势凶猛，可伴发热。严重荨麻疹可导致休克，家长必须重视。

根据发病程度可考虑使用抗过敏药物（比如：开瑞坦、仙特明等）或激素全身治疗（口服或注射）。

对于婴幼儿，第一次遇到皮肤接触或进食牛奶后，出现局部或全身的荨麻疹，应高度怀疑牛奶过敏，若再次出现即可确诊。此时应立刻停掉牛奶及制品，换成深度或氨基酸配方粉，不要拖延。

孩子得了荨麻疹的处理方法

荨麻疹是急性皮肤表现，来去匆匆，突然出现，很快消失，反复发作。连接成不规则片状的轻度红肿具有剧烈痒感的皮疹，医学称之"风团"。荨麻疹形状不规则，可局部或全身泛发。可伴有发热，多由急性过敏（IgE 介导的过敏）所致。

荨麻疹出现时，涂抹外用药物效果并不理想，抗过敏药物（仙特明、开瑞坦、扑尔敏等）和激素（地塞米松、氢化可的松）有明显缓解效果，严重者可口服甚至注射激素。短期使用上述药物孩子一般不会出现明显不良反应。

药物治疗只是为了治疗荨麻疹带来的不适，缓解荨麻疹的急性变化，比如痒感、急性血管神经性水肿等，但只能解决一时的问题，并不能消灭引起荨麻疹的原因。若不去寻找过敏原，荨麻疹还会反复出现。

许多家长希望通过检查确定过敏原，但实际上，给婴幼儿查血或皮肤点刺试验同样未必能找到原因。原因只有从生活中去寻找。寻找过敏原的方法是观察孩子饮食起居状况，家长应在医生的帮助下，尽可能回忆出疹前 2～3 小时内孩子的进食和接触史，并尽可能寻找原因。回避原因才能从根本上预防荨麻疹的出现。皮肤点刺和血液免疫球蛋白 E(IgE) 检测只能证实急性（IgE）介导的过敏，而相当一部分过敏是由非 IgE 介导引起的。

寻找过敏原，及时有效回避过敏原是治疗过敏的第一步。只有找到原因，才能得到有效治疗。

宝宝五个月大，脸上从满月开始一直发疹子，家里人说是奶癣，但每次好一些下次复发更重，您能看看是什么问题吗？该怎么治疗啊？

这是典型的湿疹，也称为特异性皮炎。对于越来越严重的 5 个月婴儿来说应考虑食物过敏、牛奶蛋白过敏。

治疗三要点：

1. 寻找并确定过敏原，尽可能回避；

2. 用含激素和抗生素的软膏，治疗湿疹的皮肤表现；

3. 活益生菌制剂，通过改善肠道菌群，促进免疫系统成熟，消除过敏。

寻找孩子湿疹的原因

湿疹指的是特异性皮炎，是一种慢性、长期、反复发作的皮肤表现。湿疹先出现于脸部和耳部，其表面粗糙，基底发红，容易表现出脱屑和渗出。

湿疹主要由过敏所致，真正治疗湿疹，还是应该从原因找起，只有发现原因，及时停掉，并坚持至少6个月完全不接触过敏原，才是治疗过敏最为有效的方法，这种方法又称为"回避过敏原"。

排除湿疹的原因除了生活中排查外，必要时可以借助于皮肤点刺试验与血清过敏原检测排查，但最有价值的还是在生活中排查。6个月以内的婴儿即使出现过敏，也很难通过化验检出。若此时给孩子进行血液检查，即使是阴性，也不能代表没有过敏。再有，引起湿疹的原因也不仅仅是免疫球蛋白E（IgE）介导。

年龄越小，湿疹与过敏的关系越大，而且与食物过敏的关系越大。家长要有耐心，一种一种地进行食物排查。对婴幼儿来说，牛奶和鸡蛋是主要过敏原。对于牛奶过敏者，停用奶粉及所有含牛奶制品，换用深度水解配方或氨基酸配方粉。停用牛奶越不彻底，严重湿疹的控制越不满意，甚至会使过敏发展到消化道和呼吸道。满8个月后添加蛋黄，可以减少湿疹的发生。母乳喂养的婴儿出现过敏，妈妈也要排查自己的食物。

如果采用一定方法仍然不能有效控制湿疹，说明还没有完全找到过敏原因，或治疗过敏的措施不够得当。有效回避过敏原，这是治疗过敏的首要举措，也是最主要的方法。在回避过敏原的基础上，加用益生菌会取得比较理想的效果。

治疗湿疹时外用激素使用要点：

1. 湿疹发作时，因为皮肤粗糙和存在小裂口，常并发细菌感染。激素+抗生素1:1混合外用，效果较好，且应逐渐减少激素用量。

4. 尽可能避免湿、热和抓痒。

2. 婴幼儿湿疹多由过敏所致，及时去除过敏原，可有效从根本上缓解湿疹。

5. 少用化学清洗剂。

3. 用清水洗澡，保持皮肤清洁，以避免和减少感染发生。

6. 保持皮肤湿润。可用植物性安全的保湿霜。

7. 在有经验的医生指导下，正规治疗。切忌犹豫不定，不敢用药，断续治疗，结果拖延湿疹存在时间，最终导致用药时间长，过敏持续，且过敏程度渐增强。

● 孩子湿疹的皮肤护理

当孩子皮肤不完整时，在受损的皮肤上只能使用激素和抗生素，其他成分的药物不可使用。对于湿疹出现了皮肤破溃，特别是渗水阶段，也只能使用激素和抗生素药物，促使破损尽快恢复。否则会出现皮下感染，导致湿疹顽固。

或许家长要问为什么要使用激素。因为激素具有抗过敏作用，湿疹往往又是过敏引起的。所以，激素可以治疗湿疹。皮肤破溃，很多细菌就会落在破溃处，导致出现感染，所以实际上，湿疹 50% 是过敏造成的，另外 50% 是破溃后感染因素造成的，也就是说先是过敏造成了湿疹，紧跟着有细菌着落，使湿疹加重，所以，治疗皮肤已破溃的湿疹，一定不是百分之百的依靠激素，而应该是激素加抗生素药膏。一般建议使用氢化可的松软膏和百多邦，两者混合使用比例为 1 :1。

这两种药物同时使用，直到皮肤完整，也就是说皮肤表面裂口都已愈合，表面变光滑了，但还有点红、痒等表现时，才能抹一些治疗湿疹的霜、露或膏。但不是任何时候都可以把所有标有治疗湿疹的霜或膏给孩子使用，不同程度的湿疹使用的药物不同，不同部位的湿疹使用的药物也不同。治疗前应先对湿疹进行评估，如果皮肤有裂口、渗出，有些药物成分就会经破溃的皮肤进入血液，引起过敏加重或新的过敏。注意皮肤破溃处只能用激素 + 抗生素药膏。皮肤表面好转后，才可以使用其他湿疹膏。另外，在破损的皮肤上涂抹保湿霜等，其有些成分也会通过破损皮肤进入血液而造成新的过敏。所以在给孩子使

很多家长惧怕激素药物，外用激素若能合理使用，对婴儿的发育不会造成任何不良影响。

及时使用足量外用激素+抗生素软膏不但可以很快控制湿疹进展，还能够从总体上减少激素的用量。

水肿较严重的湿疹，可选用0.025%～0.1%的氢化可的松+百多邦或红霉素软膏1:1混合使用。

给孩子使用护肤品要注意什么？

1.选择刺激性不大的护肤品。比如不能给孩子选用SPF15以上的防晒霜。	2.确定孩子皮肤是否完整，皮肤不完整，不能随便使用。	3.使用后皮肤有没有异常反应，比如红、肿、痒等。如果出现异常反应，马上停掉，并且接下来的至少3个月不要再使用。

用护肤品的时候，一定要考虑皮肤是否完整。皮肤完整了，才能放心使用；如果皮肤不完整，绝对不能随意使用护肤品。

另外，患湿疹的孩子怕热，湿热可以使湿疹局部充血、发红、痒感增加，所以应避免湿热，尽可能保持凉爽的环境。另外，由于湿疹表面毛糙，易存细菌，出现感染，导致湿疹顽固，所以应该每天给孩子洗澡，目的是为了去除湿疹毛糙面上的细菌和碎片。每次水温不要过高，偏凉即可，洗澡时间不要超过15分钟，最好只用清水洗澡。洗澡后不建议涂爽身粉，因为孩子有可能将其吸入肺内。即使湿疹孩子身上有些皮肤损伤比较严重，仍然需要洗澡，不能使用毛巾擦拭皮肤损重的部位，应该用吹风机将局部烘干或自然晾干。洗澡后尽快给孩子用药效果会更好。家中温度尽可能保持在24℃~26℃，同时，减少孩子出汗，也能避免湿疹加重。除此之外，最好不要带孩子去公共泳池游泳。

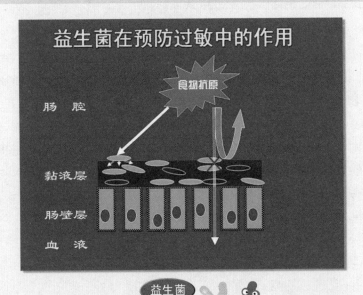

益生菌在预防过敏中的作用

食物抗原

肠 腔

黏液层

肠壁层

血 液

益生菌

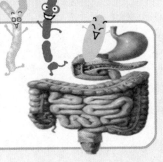

小儿肠道发育不够成熟，肠道免疫功能不全，食物没有充分消化即被吸收，很容易导致过敏。益生菌能够改善肠道的消化吸收，又能促进肠道黏膜免疫功能成熟，对预防过敏有一定功效。

帮助改善湿疹可以用益生菌

湿疹常是过敏在皮肤上的表现，尤其对小婴儿来说，湿疹多由于食物过敏，特别是乳蛋白过敏所致。

也就是说，过敏也是因为肠道发育不够成熟，致使乳蛋白等可能引起过敏的食物成分，没有充分消化即被吸收，再有肠道黏膜免疫功能不全，也是导致过敏的原因。

益生菌既可改善肠道消化吸收，又可促进肠道黏膜免疫功能成熟，对预防小儿过敏有一定功效。

过敏临床表现
胃肠系统

IgE介导	非IgE介导
唇、舌和上腭的血管神经性水肿	胃食道反流症
口腔瘙痒	稀水便且排便次数增多
恶心	大便中含有血液、黏液
绞窄样腹痛	腹痛
呕吐	婴儿肠绞痛
腹泻	拒食或厌食
	便秘
	肛周红肿
	苍白且疲惫
	生长缓慢并伴有至少一条上述胃肠道症状（且或伴有明显的特异性皮炎）即可考虑为过敏

很多食物过敏的儿童有胃肠表现

急性表现包括恶心、呕吐、腹泻、腹绞痛；慢性表现包括稀水便、大便带血或黏液、腹痛等。由于这些表现并不只有过敏才会出现，在经过针对其他胃肠疾病治疗不见效时应该考虑与过敏有关。

过敏在胃肠系统的表现

很多食物过敏的儿童有胃肠表现。急性表现包括恶心、呕吐、腹泻、腹绞痛；慢性表现包括稀水便、大便带血或黏液、腹痛等。由于以上表现并不是过敏的特异性表现，那么在经过针对其他胃肠疾病治疗不见效时应考虑与过敏有关。考虑过敏同时应该寻找引起过敏的食物。如果找到引起过敏的食物，停服即可明显好转。

有家长问："宝宝感染性腹泻后变成过敏体质，对牛奶过敏，很容易生病，请问如何增强宝宝抵抗力？"腹泻时容易出现肠道黏膜损伤，此时不仅乳糖不能耐受，而且因肠道渗透增加，特别容易开始过敏的历程。腹泻时不仅应减少或去除乳糖的摄入，最好还要暂时使用水解配方粉。再有，过敏不是免疫力低下，而是免疫异常增强，千万不能使用免疫增强剂！否则过敏会更加严重。

过敏相关临床病史的采集

呼吸系统

（通常并发1项或多项下面提及的症状或体征）

IgE介导	非IgE介导
上呼吸道症状（鼻痒、打喷嚏、流涕或鼻塞，间或结膜炎）	
下呼吸道症状（咳嗽、胸闷、喘息或气短）	

除此之外，记录任何与全身过敏反应的症状和体征

我家宝宝两岁半，从小湿疹、哮喘都得过，查过敏原也查了，现在又发了异位性皮炎，用过很多药，很顽固，是不是遗传性过敏？

没有遗传性过敏的说法。即使父母双方都有过敏，也只能认为孩子属于过敏易发人群。过敏分IgE介导和非IgE介导，只针对IgE介导的过敏原检测不能确定全部过敏的原因。过敏原只有从生活中寻找。

如何认识和治疗咳嗽

有时咳嗽是原发的，有时是继发的。原发的咳嗽意味着一些因素刺激了咽、喉、气管、支气管和肺部。例如：强烈的刺激气味、过敏因素、寒冷的空气以及病菌等。孩子表现的咳嗽多为突然发生的阵阵干咳。最为典型的例子是哮喘，遇到过敏因素后数秒即可突然发作，而且进展极快。而继发的咳嗽多发生在呼吸道感染或其他原因引起的呼吸道疾病数天后，是由于病菌或其他因素刺激呼吸道黏膜，使之产生一些分泌物。这些分泌物存留于呼吸道内，并刺激呼吸道黏膜，产生咳嗽。当孩子咳嗽时，我们会听到粗糙的杂音，这即是有痰的咳嗽。

在治疗和预防引起咳嗽的原因时，对原发咳嗽和继发咳嗽的治疗有所不同。

对于原发咳嗽，可以选用止咳的办法。有时呼吸道受到侵扰时，会出现支气管收缩。孩子出现剧烈咳嗽，多伴有呼吸费力或呼吸困难。这时应选用扩张支气管的药物，如舒喘灵、必可酮等。有时呼吸道受到侵扰时只出现干咳，这时可选用止咳药物，如美可、可愈等。

对于继发咳嗽，应选用祛痰、化痰为主的治疗，如沐舒坦等药物。若只给予止咳治疗，当然不能获得很好的效果。

治疗咳嗽最常用的方法是口服药物。药物通过胃肠道吸收可以获得良好的效果，只是药物起效较慢。为了尽快消除咳嗽或去除痰液，目前比较推崇的方法是呼吸道吸入疗法。

了解引起咳嗽的原因，判定咳嗽的性质，选择合适的治疗方法，才能尽快帮助孩子摆脱咳嗽的困扰。

咳嗽是小儿常见的呼吸道症状

从原因上讲，多由呼吸道炎症所致。引起炎症的原因包括病毒、细菌感染，也包括过敏等。

从部位上讲，可涉及鼻炎、咽炎、喉炎、气管炎、支气管炎、肺炎等。

所以，对于咳嗽的原因判断应该包括原因+部位。比如：病毒性气管炎、过敏性鼻炎等。

孩子反复咳嗽要考虑过敏

过敏不仅仅会影响皮肤和消化道，还会影响呼吸道。呼吸道的过敏表现，表面上与上呼吸道感染相似。所以，对于反复出现上呼吸道症状的儿童，别忘了考虑"呼吸道过敏"。

当孩子反复出现感冒、咳嗽时，不一定是反复"感染"所致。特别是有牛奶或其他食物过敏的孩子出现类似情况，如果不能找到感染的证据，应该考虑是否为过敏所致。简单确定呼吸道过敏的方法是连续服用仙特明3～5天，若症状明显缓解，基本可以确定为过敏。再通过化验检测寻找过敏原，如果是其他原因引起的咳嗽，这种方法则没有效果。

抗过敏药物只能暂时缓解过敏性咳嗽，所以治疗初期都会感觉效果很满意，逐渐就会发现药物效果越来越差。过敏性咳嗽与其他过敏一样，根治的方法是"去除过敏＋免疫调整"。去除过敏原需要生活中寻找外加过敏原检测辅助。

生活中寻找过敏原或血液、皮肤点刺进行过敏原测定，目的不在于对过敏的诊断，而是"去除和躲避过敏原"。只要密切接触过敏原才可导致过敏，那么查出过敏原、去除过敏原之后，就可以避免过敏。

若孩子一上床或进入某种环境就咳嗽，往往与环境过敏有关，如尘螨、霉菌等。

对环境过敏的孩子，家中不要使用吸尘器、地毯，不要玩毛绒等不易彻底清理的玩具。

有些孩子一到幼儿园就会出现咳嗽，也许与患有呼吸道感染的孩子过于密切接触有关。

了解幼儿园饮食和生活环境，结合过敏原检测，查找原因。不要依赖静脉输注抗生素。

另外，时间性非常强的咳嗽，也应该考虑与过敏有关。建议检查过敏原，了解孩子咳嗽发作前的环境或进食的食物，考虑如何解除过敏，这样才有利于咳嗽的控制。

孩子一进入某种环境就咳嗽要考虑过敏

若孩子一上床或进入某种环境就咳嗽，往往与环境过敏有关，如尘螨、霉菌等。为此家长一定要详细对比引发咳嗽的环境与平时生活环境之间的不同。比如：在地毯上玩耍后咳，起初会认为是运动诱发，实际上是螨虫诱发。对环境过敏的孩子，家中不要使用吸尘器、地毯，不要玩毛绒等不易彻底清理的玩具。

有些孩子一到幼儿园就会出现咳嗽，也许与患有呼吸道感染的孩子过于密切接触有关；但反复出现，更应考虑是过敏所致。了解幼儿园饮食和生活环境，结合过敏原检测，查找原因。不要依赖静脉输注抗生素。抗生素使用越多，过敏就会越严重，发作就会越频繁。

另外，时间性非常强的咳嗽，应该考虑与过敏有关。没有哪种感染会定时发作，白天不咳，一到晚间就发作。此时使用抗生素治疗肯定不对。建议检查过敏原，了解孩子咳嗽发作前的环境或进食的食物，考虑如何解除过敏，这样才有利于咳嗽的控制。

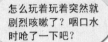

怎么玩着玩着突然就剧烈咳嗽了？咽口水时呛了一下吧？

呀！怎么孩子的咳嗽急剧加重了，连呼吸都出现了费力！

检查发现孩子是对粉尘过敏。

我想起来了，孩子发病前在床上蹦跳了很久。这张床平时很少有人睡，床单、被子全是灰尘。

孩子为何突然剧烈咳嗽

突然出现的剧烈咳嗽，往往是由于过敏所致。其来势凶猛，多伴有喘憋及呼吸困难。这是由于过敏原被吸入肺内或经口服入后，刺激支气管黏膜后出现的突发的、急剧变化的问题。除了可引起剧烈咳嗽外，还可使支气管平滑肌收缩，致使支气管痉挛、管径缩小，出现呼吸费力、刺激支气管黏膜分泌很多液体，从而加重呼吸困难。

由于这是一种过敏性疾病，反复发作是其特点，家长应学会一些快速解救的办法，例如：学会使用吸入的药物、学会判断孩子病情的轻重程度、了解孩子的过敏因素、尽量避免再次接触等。

治疗的主要办法是逆转支气管的收缩。常采用的办法是：快速吸入解除支气管痉挛的药物。如果治疗不及时，可能出现生命危险。出现这种情况，应将孩子快速送往医院，以得到及时有效的治疗。

鼻塞·打鼾

如果孩子睡觉时，出现鼻塞和打鼾现象，应该到耳鼻喉科检测确定是扁桃体肥大、腺样体肥大，还是两者都肥大。并根据肥大程度，也就是上呼吸道阻塞的程度，确定治疗方案。

扁桃体肥大

腺样体肥大

过敏

引起扁桃体肥大和腺样体肥大的原因，往往也是过敏。所以，预防过敏至关重要。

家长不要轻视孩子的打鼾现象，打鼾意味上呼吸道通畅度不良，长期下来，慢性缺氧可影响脑发育，导致性格异常。

孩子鼻塞、打鼾，别忘寻找过敏原

如果孩子睡觉时，张嘴呼吸，出现鼻塞和打鼾现象，代表上呼吸道部分梗塞。小婴儿打鼾往往与喉软骨软化有关。如没有睡眠时呼吸费力，随着生长，6～12个月会逐渐自行消失。对幼童来说多是腺样体和／或扁桃体肥大所致，并且肥大程度与打鼾程度多成正比。最常见原因是过敏。过敏导致腺体肥大。由于腺体表面并不光滑，特别容易附着细菌，因此常以反复感染面貌出现。

家长应该带孩子到耳鼻喉科检测确定是扁桃体肥大，还是腺样体肥大，或者是两者都肥大。并根据肥大程度，也就是上呼吸道阻塞的程度，确定是保守治疗还是进行手术。是否需要手术切除，最好依据睡眠监测，除了打鼾外，更严重的是呼吸暂停和慢性缺氧。如果孩子打鼾同时伴有每夜四次以上睡眠呼吸暂停，应接受手术治疗。

打鼾不仅影响睡眠质量，而且还会致慢性缺氧，影响大脑发育；肥大的腺样体还会压迫听神经，损伤听力，等等。应该手术治疗的如不及时手术，就会因为慢性缺氧影响孩子生长发育。腺样体肿大压迫听神经导致听力受损，甚至可能是不可逆的损伤。另外，孩子长久张口呼吸也会影响上颌骨发育，影响面容。

肿大的扁桃体上存在很多细小"沟壑"，易存留经上呼吸道的空气内病菌——病毒、细菌、支原体等，引起扁桃体感染，又导致扁桃体进一步肿大。扁桃体肿大可部分阻塞上呼吸道，特别易造成打鼾、睡眠呼吸障碍等。及时去

如果孩子睡觉时张嘴呼吸，出现鼻塞和打鼾现象，代表上呼吸道部分梗塞。

家长应该带孩子到耳鼻喉科检测确定是扁桃体肥大，还是腺样体肥大，或者是两者都肥大。

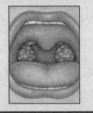

扁桃体肿大可部分阻塞上呼吸道，易造成打鼾、睡眠呼吸障碍等。及时去除引起扁桃体肿大的原因非常重要。

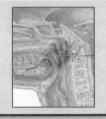

肥大的腺样体会压迫听神经，损伤听力等。应手术治疗的如不及时手术，就会因为慢性缺氧影响孩子生长发育。

引起扁桃体肥大和腺样体肥大的原因，往往也是过敏。预防过敏至关重要。因而出现鼻塞、打鼾，别忘寻找过敏原。

过敏原

除引起扁桃体肿大的原因非常重要。

大家容易观察到扁桃体状况，所以对扁桃体较熟知。腺样体与扁桃体相同，也是上呼吸道内淋巴组织，慢性过敏等可致腺样体渐增大而出现上呼吸道阻塞，即可出现打鼾、张口呼吸、甚至睡眠呼吸暂停。腺样体肥大往往与扁桃体肿大同时存在。预防过敏和反复感染很重要。没有药物可逆转肥大的腺样体和扁桃体。

引起扁桃体肥大和腺样体肥大的原因，往往也是过敏。所以，预防过敏至关重要。家长不要轻视孩子的打鼾现象，打鼾意味上呼吸道通畅度不良，长期下来，慢性缺氧可影响脑发育，甚至导致性格异常。

出现鼻塞、打鼾，别忘寻找过敏原。

人体跟外界接触的基本上是两种组织，一种组织叫皮肤。

另一种组织叫黏膜，比如口腔黏膜、鼻部黏膜、呼吸道黏膜、胃肠道黏膜。

我们遇到花粉、遇到冷空气、遇到潮湿环境中的霉菌等时，出现打喷嚏、流鼻涕这样的反应，都是鼻黏膜受到了刺激，其实也就是鼻炎的表现。

孩子得了过敏性鼻炎怎么办

如果孩子被诊断为"过敏性鼻炎"，家长应该想的不是马上治疗过敏性鼻炎，而应该是"寻找原因"，从过敏角度治疗。首先，通过生活环境，借助血液过敏原检测，寻找过敏原。我们要去寻找这个孩子小时候的过敏历程中他对什么过敏，比如：鸡蛋过敏、牛奶过敏，还是对其他过敏。第二步才是怎么治疗，比如用喷鼻子的药物来治疗过敏性鼻炎，或者给他吃一些祛痰的药物来使他呼吸道尽快地得到清理，但关键还是找到原因。药物只针对过敏性鼻炎导致的症状，不能解决导致过敏性鼻炎的原因。家长想不到原因时，还需要进行一些特殊的检测，比如说抽血的检查，皮肤的测定，或者其他的一些特殊干预去看他有没有什么反应，通过激发试验来最终判断。

如果我们不去积极地寻找原因的话，只是暂时地用药物给他解除了症状，比如孩子不流鼻涕了，不咳嗽了，但过一段时间后症状还是会出现，而且会越来越重，就会由过敏的第二个阶段过敏性鼻炎跨到过敏的第三个阶段支气管哮喘。

所以，我要提醒家长注意的是，遇到你认为不可能是病毒或细菌引起的上呼吸道感染，孩子出现流鼻涕、打喷嚏、咳嗽症状的时候，要想到过敏，很可能是鼻炎造成的，要去医院，咨询医生，及时去除原因，及时治疗症状，这样孩子才可能避免以后出现类似的或者是更严重的问题。

咽 喉 感 染

咽喉部是婴幼儿常见的上
呼吸道感染部位。常见症
状包括发热、咳嗽等。

由于咽喉部发炎，引起吞咽不
适，进而进食减少或存在障碍。

免疫力下降

对反复咽喉部感染者，应考
虑与上呼吸道过敏有关，极
少数为免疫功能低下。

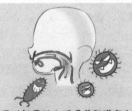

因过敏导致上呼吸道黏膜充血，
加上开放的呼吸道，病毒细菌
出入自由而引起继发感染。

小贴士： **如何保护鼻黏膜**

使用浸满油脂（比如：橄榄油、鱼肝油等）的棉签涂抹鼻黏膜，可以将鼻黏膜与空气适当隔离。

若鼻黏膜已经受损，可给鼻黏膜修复的机会。

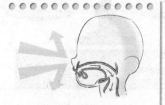

若为过敏性鼻炎，也可避免鼻黏膜的刺激。

若分泌物过多，还可减少分泌物的分泌。

若鼻黏膜正常，可避免干燥空气对黏膜的损伤。保护鼻黏膜非常重要。

家长需要知道的事情：喘 ≠ 哮喘

孩子是否为哮喘，需经过医生的定期随访，根据孩子病情的变化确定。

疾病

任何药物对孩子都会造成一定的副作用，但是否持续用药，要根据疾病对病人的影响和药物对病人的影响，哪个更为重要来考虑。

药物

健康

不是哮喘而长期用药，势必突出药物的副作用，给孩子造成不必要的损害。

喘不一定是哮喘

俗话说：内不治喘，外不治癣。这意味着"喘"是比较难治的病症，但"喘"又是孩子常发生的疾病，所以家长对孩子是否患有"喘病"倍加关注。经常听到家长说自己孩子睡觉时，咳嗽后好像有"喘"的现象。这些家长特别担忧，很想知道孩子是否患上了哮喘。

哮喘是一种反复发作的，以气喘、呼吸困难、胸闷为主要表现的下呼吸道疾病，属于小气道疾病。而喘只是一种病理表现，是由于气道发生痉挛或气道内分泌物滞留造成气道狭窄，气体进出狭窄气道时产生的一种高调声音。喘是哮喘特有的表现，但出现"喘"的现象并不意味孩子患上了哮喘。

了解哮喘并正确治疗十分重要。孩子存在"喘"，并不一定患有哮喘。特别是当第一次出现喘憋时，医生多提示要好好控制喘憋，以防发展为哮喘。的确，控制喘的方法与治疗哮喘十分接近。有些家长因怕孩子成为哮喘，当孩子病情好转后也不愿意停止治疗；有些家长则因怕止喘药物对孩子造成损害，不愿接受治疗。其实喘是一个异常表现，与哮喘并不等同。

到目前为止，还没有短期根治哮喘的方法。尽快控制哮喘发作，有效预防哮喘的发生，是当今哮喘治疗的指导思想。控制及预防哮喘可避免或减轻孩子心肺功能的损害，保证孩子的正常生长发育。有些孩子随着青春发育期的出现，哮喘可得到根本缓解。

哮 喘

哮喘的常见原因是过敏。

发作时不应选用抗生素。

除非同时合并了细菌或支原体感染。

对于哮喘，首先应该寻找过敏的原因。去除过敏原才是根治的主要方法。

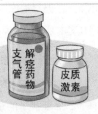

再有，发作时应该使用支气管解痉药物和皮质激素。

只有对孩子的哮喘控制满意、预防得当，待哮喘根本缓解时才不会留有心肺功能的不良或障碍。积极配合医生治疗哮喘、努力去除诱发哮喘发作的因素、长期正规药物预防，是治疗哮喘的原则。

三种不同类型的哮喘

1.婴幼儿哮喘。3岁以下的婴幼儿，有3次以上类似气喘发作的现象，而且以前曾患过湿疹、皮肤过敏，同时父母有哮喘或慢性气管炎病，就可以诊断为婴幼儿哮喘。

特别提示：

由于许多家长不愿接受这个现实，侥幸认为自己的孩子不会患哮喘。因此，婴幼儿哮喘中有相当婴儿未能接受及时的治疗，致使疾病迁延，且逐渐加重。

2.儿童哮喘。3岁以上的儿童，反复出现咳嗽、喘息，且喘重于咳。喘息常常是突然发作。一般先有鼻痒、打喷嚏、咳嗽，然后出现喘憋、出气困难、胸闷，呼气时喉咙里"哮哮"发响，严重时面色苍白，口唇青紫，全身出冷汗。

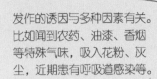

发作的诱因与多种因素有关。比如闻到农药、油漆、香烟等特殊气味，吸入花粉、灰尘，近期患有呼吸道感染等。

3. 咳嗽变异性哮喘。这是一种特殊类型的哮喘，主要症状是咳嗽，而没有喘憋的表现。

下面是这类患儿具有的特点：

① 反复咳嗽超过1个月，常在夜间或清晨咳嗽加重，往往是阵发性剧烈干咳，吸入冷空气或跑步等能加重咳嗽。

消炎药　平喘药

② 使用消炎药几乎无效，使用平喘药可减轻咳嗽。

③ 曾患过湿疹、皮肤过敏症等。

④ 家族有患哮喘或慢性气管炎的病人。

经验：对于这类病儿，家长更是不愿接受哮喘的诊断与治疗。

过 敏 性 哮 喘

哮喘的常见原因是过敏，发作时不应选用抗生素。

除非同时合并了细菌或支原体感染。

对于"过敏性哮喘"，应从过敏的角度治疗和预防。先寻找过敏的原因。去除过敏原是根治的主要方法。

通过生活环境，借助血液过敏原检测，寻找过敏原。

在医生指导下，用预防哮喘的药物，比如：顺尔宁、普米克令舒等；遇到发作时，及时正确地使用抗过敏（开瑞坦、仙特明等）和解除支气管痉挛（沙丁胺醇等）药物。

过敏是免疫增强的表现，如果过敏的孩子再提高抵抗力，过敏将更加严重

如何治疗过敏性哮喘

哮喘是一种慢性小气道炎症性疾病，其发作突然并反复发作。由于哮喘是一种过敏性炎症，因此仅用抗生素之类的药物治疗效果不显著。不过，哮喘也是一种可以控制、可以预防的疾病。由于哮喘需要根据哮喘发作的情况分级进行治疗，也比较复杂，因此必须在儿科医生指导下进行。

哮喘发作期

治疗的目的在于终止发作。哮喘一旦发作，要及早控制，使哮喘发作对小气道造成的破坏作用降低到最低程度。药物的主要作用是舒张小气道，抗过敏、解除呼吸困难，达到平喘的目的。

终止发作的药物：氨茶碱、舒喘灵、博利康尼、强的松等口服药物；氨茶碱、甲基强的松等静脉药物；舒喘灵、博利康尼、普米克等气雾吸入药物。

哮喘缓解期

治疗的目的在于预防发作。哮喘的发作是突然发生的，但小气道的炎症是长期持续存在的。因此，需要长期的抗过敏治疗。

家长必须明白，即使孩子哮喘发作得到控制，暂时无任何喘息症状（缓解期），仍然需要每天坚持服用预防性药物，最好应用必可酮或普米克等气雾剂吸入。吸入上述药物不会产生任何副作用。吸入剂量应由医生根据孩子的病情

如何治疗过敏性哮喘

由于哮喘需要根据哮喘发作的情况分级进行治疗，也比较复杂，因此必须在儿科医生指导下进行。

治疗的目的在于终止发作。使哮喘发作对小气道造成的破坏作用降低到最低程度。

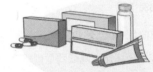

终止发作的药物：氨茶碱、舒喘灵、博利康尼、强的松等口服药物；氨茶碱、甲基强的松等静脉药物；舒喘灵、博利康尼、普米克令舒等气雾吸入药物。

小气道的炎症是长期持续存在的。因此，需要长期的抗过敏治疗。

必可酮或普米克等气雾剂吸入剂量应由医生根据孩子的病情确定，轻症哮喘需持续吸入3~6个月；重者需持续吸入更长时间。

家长要知道：除哮喘发作期需要看医生外，哮喘缓解期也应定时看医生，以使孩子得到定时的身体检查，并可咨询用药情况。

94

确定，轻症哮喘需要持续吸入 3~6 个月；重者需持续吸入更长时间。

家长要知道：除哮喘发作期需要看医生外，哮喘缓解期也应定时看医生，以使孩子得到定时的身体检查，并可咨询用药情况。

从孩子的生活环境中消除过敏原是预防哮喘的最好措施。常见的过敏原及预防办法有：

①外界空气中的花粉或霉菌的孢子在花粉或霉菌出现的高峰期，最好少带孩子到室外活动；必须出门时，应戴上口罩。

②居室内的尘螨及蟑螂螨虫的最大危害是它们的粪便能引起孩子过敏，诱发哮喘发作。有些孩子对蟑螂的排泄物也会过敏。

③各种烟雾及刺激性气体烟草气雾既能增加儿童气道的敏感性，又能加重哮喘的症状。因而家长最好不要抽烟。

④婴幼儿的哮喘发作往往与呼吸道感染有关。因此，预防感冒和控制呼吸道感染也是预防哮喘发作的重要前提。

● 从家居环境开始预防哮喘

哮喘是否能得到根本控制，关键在于是否能有效地预防哮喘的发作。一般家庭中预防发作的办法包括以下几个方面：

寻找过敏原，避免接触过敏原

能引起哮喘发作的物质统称为过敏原，它们是诱发哮喘发作的触发因素。没有触发因素就不会产生哮喘的症状。从孩子的生活环境中消除过敏原是最好的预防措施。常见的过敏原及预防办法有：

① 避开外界空气中的花粉或霉菌的孢子。它们来源于植物的微粒，存在时间很短，容易避开。在花粉或霉菌出现的高峰期，最好少带孩子到室外活动；必须出门时，应戴上口罩。

② 居室内的尘螨及蟑螂。居室内的尘土中含有大量尘螨。它体积小，肉眼难以看到，但它是一种活的昆虫。螨虫以皮肤的脱屑为食物，可生活在枕头、被褥、地毯及长毛绒玩具中，在阴暗潮湿的环境中繁殖很快。螨虫的最大危害是它们的粪便能引起孩子过敏，诱发哮喘发作。有些孩子对蟑螂的排泄物也会过敏。

③ 避开各种烟雾及刺激性气体。烟草气雾既能增加儿童气道的敏感性，又能加重哮喘的症状。因而家长最好不要抽烟，不要带孩子到不限制吸烟的公共场所。对于煤气燃烧或炒菜时产生的烟雾，应使用排风扇或抽油烟机将烟雾排

免疫疗法:根据孩子的免疫功能（通过医生检查及相关的化验），选择应用免疫增强剂、免疫抑制剂或免疫调节剂。

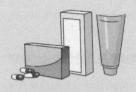

应用抗过敏药物，如酮替酚、色甘酸二钠或普米克气雾剂等可获得良好的效果。

另外:经常开窗通风换气，保持室内清洁、空气清新。

适当进行体育锻炼，增强体质和抗病能力。

注意饮食平衡，保持大便通畅，都有利于哮喘的预防。

出室外。尽可能不让孩子接触各种刺激性气体，如油漆、蚊香、农药，甚至包括刺激味不强或有香味的气体，如香水、香皂、洗发液等家用化学品。

④ 婴幼儿的哮喘发作往往与呼吸道感染有关。因此，预防感冒和控制呼吸道感染也是预防哮喘发作的重要前提。

一般来讲，春季发作的哮喘可能与吸入花粉有关；秋季发作者，可能与霉菌孢子有关；冬季发作，尤其伴有发热者，可能与呼吸道感染有关；持续常年发作者，可能与体内感染病灶有关，如鼻窦炎、慢性扁桃体炎，也可能与长期密切接触螨、尘土等有关。对于容易患感冒的孩子，在冬季到来之前，接受流感疫苗的接种是一个预防的好办法。

还有免疫疗法，包括调节免疫、抗过敏和脱敏疗法。根据孩子的免疫功能（通过医生检查及相关的化验），选择应用免疫增强剂、免疫抑制剂或免疫调节剂。长期应用抗过敏药物，如酮替酚、色甘酸二钠或普米克气雾剂等可获得良好的效果。

另外，经常开窗通风换气，保持室内清洁、空气清新；适当进行体育锻炼，增强体质和抗病能力；注意饮食平衡，保持大便通畅，都有利于哮喘的预防。

什么是雾化吸入？

雾化吸入是利用机械原理将药物变成雾状，通过呼吸进行呼吸道局部治疗的方法。在治疗哮喘等呼吸道问题时，雾化吸入的方法不仅效果明显，而且可以缩短治疗时间。对急性喘息，可用沙丁胺醇、异丙托溴铵等；对哮喘等可用布地奈德等激素药物；对呼吸道内分泌物增多可用盐酸氨溴索等能雾化吸入的药物。

雾化吸入可使用的药物种类包括：

1.生理盐水。清洁呼吸道，可预防病菌感染；作为其他药物媒介。

2.支气管扩张剂，比如沙丁胺醇。能缓解哮喘发作时的呼吸困难，解除支气管痉挛。

3.激素，比如布地奈德。对于过敏性鼻炎、喉炎、哮喘有很好的抗过敏作用。

4.祛痰药，如氨溴索。

雾化吸入治疗孩子呼吸道问题

雾化吸入是利用机械原理将药物变成雾状，通过呼吸道进行呼吸道局部治疗的方法。

呼吸道分泌物较多——痰多的时候，口服药会有效果，但较缓慢。如果采用雾化吸入治疗，效果不仅明显，而且能够缩短治疗时间，是值得推荐的呼吸道疾病治疗方法。比如：支气管哮喘，可使用支气管解痉药＋皮质激素；呼吸道分泌物较多，可使用盐酸氨溴索雾化吸入，甚至可以雾化吸入生理盐水。这样既有利于止咳、止喘，也利于清理、排除呼吸道分泌物。

不论是过敏引起的咳嗽，还是任何原因引起的呼吸道不适，都可雾化吸入生理盐水。生理盐水与体液极为相似，而且具有抑菌和杀菌作用，又不会出现任何抗生素等药物引发的副作用。雾化吸入生理盐水后，既可滋润呼吸道，又可以减少或避免呼吸道感染，是非常安全的保健方法。

孩子吃了煮熟的蛋黄，怎么大便又稀次数又多啊？

一定是煮熟的蛋黄较干，不易消化，我用蛋黄制成的鸡蛋羹喂孩子一定就没事了。

天啊！怎么刚吃完不到两分钟就开始剧烈呕吐了！

吃某种食物（例如鸡蛋）后出现呕吐、急性腹泻、湿疹等情况，属于典型的急性（IgE介导）过敏。

这种情况不要考虑消化不良，应考虑与过敏有关，要及时停食，并坚持至少3个月。

● 添加辅食后孩子出现过敏

过敏是免疫系统对天然无害物质的过度反应。所以任何食物、接触物、空气内附着物都可能引起过敏。对于婴幼儿来说，食物过敏最为常见。

给孩子添加辅食后，家长首先要注意观察孩子对待食物的态度，以便能尽早发现过敏。对于一见食物就躲，或进食初期正常，很快出现抗拒的孩子，排除对某种食物的味道、性状不接受的情况，最先应该考虑的就是对食物过敏或不耐受的问题。比如，孩子一吃鸡蛋就躲，即使吃进去也会出现恶心或呕吐，就应考虑鸡蛋过敏。对于牛奶蛋白过敏的婴儿，添加辅食时要特别注意，先添加米粉、青菜，逐渐添加肉泥。

怀疑食物过敏应从停止进食可疑过敏食物做起。家长要一种一种地添加，每次添加的新食物至少坚持三天，并观察孩子对食物的接受状况。急性过敏24小时之内就会发生，慢性过敏会于三天内发生，所以，添加一种新食物要观察至少三天时间。通过这种方法很容易就能发现食物过敏原。婴幼儿出现食物过敏，不应依赖血液检测，而应通过食物排查。

如果已经确定孩子对某种食物过敏，应完全回避过敏食物至少3个月。比如鸡蛋过敏者，应停掉鸡蛋及含有鸡蛋的任何食物至少3个月，只有完全回避过敏食物才可从根本上停止过敏引发的症状。

家长往往担心在孩子的饮食中去除某些食物有可能会影响到其生长发育。其实，只要合理搭配食物，营养不会出现缺失。比如当孩子不能吃鸡蛋时，给

8个月宝宝进食婴儿营养米粉、在商店购买的面包和馒头后会出现颜面红肿，而进食自家做的米粥、馒头就不会过敏，这是为什么？

孩子进食自家做的米粥、馒头不过敏，说明不是对大米和麦子过敏，应是对食物添加剂过敏。建议给孩子添加辅食时，尽可能在家自己制作。这可较清晰地了解孩子对食物接受的状况。

8个月宝宝，喂了鸡蛋、猪肉、鸡肉、鳕鱼、绿叶菜、土豆、胡萝卜、南瓜、苹果、桃、香蕉、火龙果、牛油果，至今未发现过敏现象，还需怎样尝试，才能知道孩子对何种食物过敏？

家长希望能够明确孩子对食物接受状况，以便避开孩子的致敏食物。其实，对于婴儿来说，只要能接受基本食物，如米、面、常吃的蔬菜、水果、鱼、瘦肉即可，不必过多尝试。

他保证奶量，在米粉、米粥或面条的基础上，添加蔬菜和肉泥，一样能够保证营养。有些家长会考虑给孩子进行抗过敏治疗，以为可逐渐除根。其实，抗过敏药物只能解决过敏引起的症状，并不能去除过敏原因。此外，保证孩子出生后尽早吸吮妈妈乳房，并保证第一口奶是母乳，可以有效减少孩子未来食物过敏的可能性。

4 崔大夫门诊问答

过敏能够根治吗

过敏是能够根治的，关键是过敏原的判断和回避。及早判断并果断回避过敏原，合理改善免疫状况，就可根治过敏，特别是婴幼儿过敏。

对于过敏婴幼儿，家长不要把重点放在治疗相应症状上，比如治疗荨麻疹、湿疹、腹泻、喘息等。而应该重点排查引起过敏的过敏原。只有及早中断过敏原才能有效控制过敏，直到最后根治过敏。

过敏是否能够根治关键在于过敏原是否能够完全中断，且完全中断的时间应保持至少 6 个月时间。

很多家长都认为"等孩子长大些过敏自然会有改善"，其实这种看法非常不科学。就湿疹本身而言，1岁后确实会好转，很多还会自行消失。但是过敏有三个阶段。让我来一一介绍：

第一阶段：皮肤（湿疹、荨麻疹）和/或（腹泻便秘交替、频繁吐奶、顽固肠绞痛等）胃肠表现。

第二阶段：上呼吸道表现（鼻炎、腺样体肥大等）。

第三阶段：下呼吸道表现（哮喘）。

大约2/3的湿疹会自行缓解，但还有1/3在进展，可能会进入第三阶段。如此则越发展越难治。

等孩子长大些过敏就会自然改善吗

很多家长都认为"等孩子长大些过敏自然会有改善"，这种说法很不科学，事实上过敏会随着时间不断变化，越发展越难治。

比如湿疹主要由过敏所致，很多家长认为很多婴幼儿都会有湿疹，湿疹不是大事，随着孩子长大就会逐渐好转、消失。其实这种看法非常不科学。就湿疹本身而言，1岁后确实会好转，很多还会自行消失。但是过敏有三个阶段，皮肤（湿疹、荨麻疹）和／或（腹泻便秘交替、频繁吐奶、顽固肠绞痛等）胃肠表现、上呼吸道表现（鼻炎、腺样体肥大等）和下呼吸道表现（哮喘），湿疹的好转并不意味着过敏消失。据现在研究表明，大约2/3的湿疹会自行缓解，但还有1/3在进展，甚至可能会进入第三个阶段。越发展越难治。

现在过敏，以后不会影响宝宝吧？

妈妈在怀孕期间不必特别回避饮食以预防今后婴儿的过敏。妈妈怀孕期间出现过敏，对胎儿发育应该不会有影响。

过敏的预防应该从出生后做起，生后最好从第一口奶开始坚持母乳喂养。只要婴儿出生后体重下降没有超过出生体重的7%，就应坚持纯母乳喂养。

如果婴儿出生后母乳量真的不足，需要添加配方粉时，一定要添加水解蛋白配方粉作为过渡。

水解蛋白配方粉

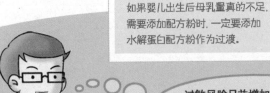

过敏风险日益增加，预防过敏从自然分娩和母乳喂养开始。

父母过敏会遗传给宝宝吗

如果父母有过敏史，特别是妈妈有过敏史，今后孩子出现过敏的机会远远高于其他孩子，但这并不意味着孩子今后一定会过敏。

增加婴幼儿过敏风险的因素包括：①父母本身有过敏；②剖宫产和配方粉喂养，包括出生后初期进食了婴儿配方粉；③接触细菌机会太少——家庭中经常使用含消毒剂的产品和／或经常使用抗生素；④生活在被二手烟污染的环境，当然包括严重环境污染。

过敏不是先天性疾病，更不是有些人认为——出生后就注定的。过敏是免疫发育异常的表现。免疫分为先天性免疫和获得性免疫。获得性免疫从出生后启动，肠道菌群是重要的启动因子。出生后尽快直接母乳喂养，避免配方粉干扰，有利于肠道菌群建立，助于获得性免疫的发育，易于避免过敏发生。

预防宝宝过敏非常关键。

家里养宠物会让孩子过敏吗？

利　心理发育　　医学隐患　不利

家里养宠物会让孩子过敏吗

如果从心理角度来说，养宠物非常好，现在我们很多家庭都是独生子，独生子在他的性格形成过程中，会出现很多怪癖的问题，因为大人在养孩子的时候，以让着孩子为主，所以孩子心态上就会觉得什么都应该是他的，什么都是理所应当的，一旦遇到挫折心里就受不了。而养宠物，在跟宠物交朋友的过程中，遇到一些宠物不听话的情况，他会去想怎么让着宠物，或怎么跟宠物去交流，希望宠物能听他的话等，在这个过程中能够训练他的能力。从这点来说，养宠物对他的心理发育是非常好的。但是如果从医学角度来说，养宠物时孩子容易出现比如过敏等问题。还有，宠物可能携带一些病菌，特别是一些特殊的衣原体等，可能会让孩子得病。或者孩子被狗咬以后会担心引起狂犬病的问题，等等。因而存在一些医学隐患，所以一定要尽量平衡。

家里养宠物孩子需要打狂犬疫苗吗?

首先,我们的宠物肯定要接受狂犬病疫苗的接种,这样最起码能够预防此病的发生。对于孩子,也建议打狂犬疫苗。

狂犬疫苗有两种

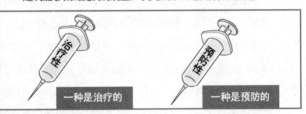

一种是治疗的

一种是预防的

不哭不哭,再来最后一针就好了……

打了预防针,一般来说再被宠物抓了以后就不用那么担心,补打一针就可以了。如果没有打过预防性预防针,被猫狗等抓过或咬破后,到医院要接受五针,这属于治疗性预防。如果预防不当,患上这种疾病,将是非常遗憾的一件事情。

如何预防养宠物给孩子带来的过敏

为了预防宠物给孩子带来的过敏等问题，首先，宠物的来源渠道要正常。正常意味着它不会带来一些疾病，而且在让它和孩子接触之前，必须在一个孩子接触不到它的环境中试养一段时间。观察它有没有频繁地脱毛，毛发是否均匀，是否有些部位毛发发暗，有些部位发亮，是否有皮肤病等问题。排除这些疾病后，要定时给宠物进行常规的疫苗接种。预防疾病的同时，还要每天给宠物洗澡，清理脱屑和毛发。直到这时，孩子接触该宠物才可能安全，将可能的医学隐患降到最低。

但是已经出现对动物皮毛过敏的孩子一定要注意，不能再直接接触宠物，因为会加重过敏。我们进行医学实验检查的时候，经常会检测猫毛、狗毛等，实际上鸭绒被子、鸭绒枕头里含的毛，甚至很多人造毛中的一些纤维都可能引起类似的过敏问题。所以，对于宠物过敏，我们应该想到，可能是对宠物的毛过敏，也可能是因为宠物清理得不好，对

消除螨虫和蟑螂的办法

* 勤洗、勤晒或用开水烫床上用品。

* 不使用地毯，不玩长毛绒类玩具。

*使用杀虫剂消灭蟑螂。注意喷药或打扫室内卫生时，应该让哮喘的孩子离开现场；待房间彻底通风后，才能将孩子带回室内。

* 由于许多孩子对动物毛发或羽毛过敏，所以，有哮喘孩子的家中应最好不要养宠物。

它身上隐藏的螨虫产生过敏，或者对灰尘过敏，甚至是霉菌过敏。

所以，养宠物也要每天清理它的毛发，跟我们人洗澡一样，清理掉它身上黏附的东西。因为宠物毛比较长，有些如螨虫、灰尘、霉菌等隐藏得相对较深，所以洗澡的时候一定要注意。只有给宠物清洗干净，才能降低给孩子带来的过敏隐患。

不同哺乳动物乳汁成分与人乳的比较

	牛乳	水牛	绵羊	山羊	猪	骆驼	马	驴	人乳
蛋白质（%）	3.2	4.5	4.9	4.3	4.8	3.6	2.14	2.2	1.25
酪蛋白（%）	80	82	84	84	58	74	56	58	40
乳清蛋白（%）	20	18	16	16	42	26	44	42	60
相同性									
α_{s1}-酪蛋白	100	95.3	88.3	87.9	47.2	44.2	43.3	–	31.9
α_{s2}-酪蛋白	100	95.0	89.2	88.3	62.8	58.2	–	60.0	–
β-酪蛋白	100	97.7	92.0	91.1	67.0	69.2	60.5	–	56.5
κ-酪蛋白	100	92.6	84.9	84.9	54.3	58.4	57.4	–	53.2
α-乳清蛋白	100	99.3	97.2	95.1	74.6	69.7	72.4	71.5	73.9
β-乳清蛋白	100	96.7	93.9	94.4	63.9	–	59.4	56.9	–
白蛋白	100	–	92.4	71.2	79.9		74.5	74.1	76.6
平均相同性	100	96.1	91.1	87.6	64.2	60.0	62.4	62.8	58.4

对牛奶蛋白过敏的大多数宝宝，喝羊奶后过敏消失，这种说法对吗？

羊奶与牛奶相似率达92%，所以羊奶不能作为牛奶蛋白过敏时的推荐。虽然有些牛奶蛋白过敏的婴儿食用羊奶粉后好转，但毕竟不能作为常规推荐。

喝牛奶过敏的孩子喝羊奶过敏会消失吗

目前没有研究表明羊奶粉比牛奶粉具有低敏性。从营养学角度上讲，羊奶粉并不比牛奶粉有任何优势；从预防或治疗过敏角度讲，羊奶中蛋白质与牛奶蛋白有高达92%以上的相似性，所以牛奶蛋白过敏的婴儿不能换成羊奶粉食用。

在预防过敏方面，推荐纯母乳喂养或部分水解配方粉；在治疗牛奶蛋白方面，必须使用深度水解蛋白配方粉或氨基酸配方粉。活益生菌可利于预防和治疗过敏。纯母乳直接喂养是活性益生菌提供的最佳方式，母乳喂养过程是有菌喂养过程。蛋白水解后会有苦、涩味。如果真是牛奶蛋白过敏，只能接受深度水解配方粉或氨基酸配方粉。为使孩子能较快接受，可将水解配方粉与原有奶粉混合喂养。初期，水解蛋白配方粉占1/10，逐渐增加水解蛋白配方粉比例，2周左右全部换成水解蛋白配方粉即可。水解配方粉治疗过敏不仅有效，还无副作用，比任何药物都安全。

为
何
牛
奶
过
敏
的
孩
子
容
易
对
其
他
食
物
过
敏
？

配方粉是改良的鲜牛奶制品，其中添加的成分有来自牛奶以外的食物，也就是说婴儿配方粉不仅只有牛奶成分。

牛奶　　食物　　配方粉

由于婴儿配方粉中不只含牛奶成分，因而配方粉喂养导致的过敏也不仅仅只是牛奶过敏，很可能一开始就会出现多种食物过敏现象。

坚持纯母乳喂养不仅能够预防牛奶过敏，而且也可以预防婴儿早期对其他食物的过敏。

122

为何牛奶过敏的孩子容易对其他食物过敏

我在参加国际医学会议时曾与一位美国专家讨论一个问题，"为什么牛奶过敏婴儿特容易出现对其他食物，比如对大豆、鸡蛋、麦子等的过敏？"专家一语点中要害，因为鲜牛奶中的营养成分不能满足婴儿生长需要，所以要给婴幼儿选用配方粉，而配方粉是改良的鲜牛奶制品，其中添加的成分有来自牛奶以外的食物，也就是说婴儿配方粉不仅只有牛奶成分。

由于婴儿配方粉中不只含牛奶成分，这样配方粉喂养导致的过敏也就不仅仅只是牛奶过敏，因而很可能一开始就会出现多种食物过敏现象。这样看来，坚持纯母乳喂养不仅能够预防牛奶过敏，而且也可以预防婴儿早期对其他食物的过敏。这也是不建议牛奶过敏的婴儿改用豆奶的原因之一。

孩子平时一吃鸡蛋就出疹子，化验却显示没有问题，这是怎么回事呢？

吃鸡蛋后过敏，停止后过敏消失，再吃又出现同样症状，已经可以诊断孩子是对鸡蛋过敏。一旦诊断，就要停止至少6个月。

小贴士

过敏原检测只显示免疫球蛋白E（IgE）介导的过敏。其实过敏还有一类是非IgE介导。过敏原检测有其局限性。

食物过敏诊断应是：食物回避+激发试验

接种疫苗前要通过吃鸡蛋来确定孩子是否对鸡蛋过敏吗

麻疹疫苗、麻疹风疹二联疫苗和麻疹、风疹、腮腺炎三联疫苗在鸡胚表面上培养，只要制作工艺过关，不应含有鸡蛋成分。

流感疫苗、部分狂犬病疫苗、黄热病疫苗于鸡胚内培养，所以鸡蛋严重过敏者慎用。现在建议六个月的婴儿即可接种流感疫苗，并没有提到要先吃鸡蛋。

接种"麻疹风疹联合减毒活疫苗"时，知情同意书上写有"是否有鸡蛋过敏史"，并不意味着接种疫苗前必须吃鸡蛋。

过敏分两个阶段，初期是致敏，若未进食过鸡蛋，直接接种麻疹风疹二联疫苗，不可能出现明显的过敏反应。若已经对鸡蛋过敏，再接种麻、风二联疫苗，就有可能出现急性全身过敏反应。

若没进食过鸡蛋清，8个月接种麻疹风疹二联疫苗时如果出现致敏，1岁后才开始加鸡蛋清，这4个月期间免疫系

医院为啥让7个月后添加整个鸡蛋？

对于八个月前给婴儿吃全蛋，是为了接种麻疹或麻疹—风疹二联疫苗做准备。但我咨询过预防免疫专家并查过中国的药典，都没有这样的建议。国外也没有这样的建议。

虽然社区医生都知道，但说不出出处，又找不到理论依据。

统会越来越成熟，致敏现象会逐渐消失。人体纠正致敏，一定比纠正过敏要容易。人体内过敏状况会随时间推移要么越来越重，要么越来越轻。暂停进食过敏原，就是诱导越来越轻的过程。

喂奶粉时尽量不碰到孩子的脸，以免出现湿疹，对不对？

在给孩子喂奶之前，先滴在孩子嘴巴周围皮肤上几滴。

千万不要因为躲过孩子的面部，面部没有出现过敏反应，就认为可以接受，因而导致更严重的过敏。

如果皮肤出现发红，甚至红肿，就可预示孩子对此奶粉过敏，不建议给孩子服用。

湿疹是湿热引起的吗

"湿疹"这个名称，特别容易使我们误解为，是湿、热引起的皮疹。其实，湿疹指的是特异性皮炎，是一种慢性、长期、反复发作的皮肤表现。多与过敏有关，和湿热无关。

但是湿热会使皮肤充血，湿疹部位表现突出，所以孩子洗澡后湿疹部位会发红。因此很多家长害怕给孩子洗澡。湿疹表面粗糙，基底发红，容易出现脱屑和渗出，容易有细菌。感染湿疹的孩子必须每天洗澡，但应每次用温清水洗，时间不要超过15分钟。皮肤表面清洁，才能避免感染。

孩子湿疹期间能否接种疫苗应该考虑引起湿疹的原因，如果孩子对鸡蛋过敏，不建议接种流感疫苗、部分狂犬病疫苗等。如果湿疹严重，特别是接种部位湿疹严重，可先通过药物治疗湿疹，待湿疹好转后，再进行疫苗接种。另外，如因接种过敏，不建议再次接种相同的疫苗。

经常感冒咳嗽的孩子一定是免疫功能低下吗?

免疫力增强

"经常感冒和咳嗽"的孩子存在免疫功能低下的极少,反而其中相当多的孩子存在过敏——一种免疫异常增强的现象。

更令人吃惊的是,被诊断过敏的孩子,相当多都因为被怀疑免疫功能低下,曾服用过免疫增强剂。

胸腺肽

孩子反复感冒(流涕、打喷嚏、咳嗽、发热)很可能与过敏有关,通过过敏原检测能够确定原因,千万不要轻易使用免疫增强剂(匹多莫德、胸腺肽等)。

过敏是免疫异常增强的表现,免疫增强剂会使过敏更加严重。

经常感冒咳嗽的孩子一定是免疫功能低下吗

家长来医院时经常问，孩子经常感冒和咳嗽是不是免疫功能低下？事实上，对一些孩子进行免疫球蛋白检测，惊奇地发现"经常感冒和咳嗽"的孩子存在免疫功能低下的极少，反而其中相当多的孩子存在过敏——一种免疫异常增强的现象。更令人吃惊的是，被诊断过敏的孩子，相当多都因为被怀疑免疫功能低下，曾服用过免疫增强剂。

孩子反复感冒（流涕、打喷嚏、咳嗽、发热）很可能与过敏有关，通过过敏原检测能够确定原因，千万不要轻易使用免疫增强剂（匹多莫德、胸腺肽等）。过敏是免疫异常增强的表现，免疫增强剂会使过敏更加严重。免疫功能低下主要表现为反复细菌性感染，且每次感染均较严重，比如肺炎等。对反复感冒可以采用抗过敏治疗（扑尔敏、苯海拉明、开瑞坦、仙特明等）三天，若效果显著应考虑为过敏。应根据病史及相应检查确定过敏原因，采取躲避＋抗过敏治疗。

反复出现呼吸道症状时，千万别忘了可能与过敏有关，

免疫功能低下主要表现为反复细菌性感染，且每次感染均较为严重，比如肺炎等。

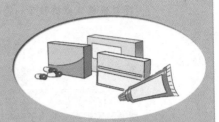

对反复感冒可以采用抗过敏治疗（扑尔敏、苯海拉明、开瑞坦、仙特明等）三天，若效果显著应考虑为过敏。

应根据病史及相应检查确定过敏原因，采取躲避+抗过敏治疗。

反复出现呼吸道症状时，千万别忘了可能与过敏有关，不要总想到免疫功能低下。不要被"孩子免疫力低"等惯常想法拘住思维，从而"害"了孩子。一定在有免疫低下的客观证据下才可考虑使用免疫增强剂。任何药物使用不当都可能是毒药。

不要总想到免疫功能低下。不要被"孩子免疫力低"等惯常想法扼住思维，从而"害"了孩子。一定在有免疫低下的客观证据下才可考虑使用免疫增强剂。任何药物使用不当都可能是毒药。

怎样判断类似上呼吸道感染的症状是过敏所致？

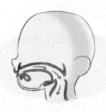

过敏不仅仅会影响皮肤和消化道，还会影响呼吸道。

当孩子出现反复呼吸道感染，比如咳嗽、流涕、发热等，如果不能找到感染的证据，应该考虑是否为过敏所致。

呼吸道的过敏表现，表面上和上感相似。所以，对于反复出现上呼吸道症状的儿童，别忘了可能为"呼吸道过敏"。

怀疑过敏时，可使用三天的抗过敏药物，比如：开瑞坦、仙特明等作为诊断性治疗。

如果仅仅使用抗过敏药物就可明显缓解症状，则应高度怀疑过敏，效果越明显，过敏的可能性越大，再结合病史和过敏原检测确定过敏原因。

即使不是过敏，使用三天的抗过敏药物也不会出现不良反应。

通过验血可以获得血液中总IgE值（体内IgE介导的过敏程度）和特异性IgE值（对某种过敏原的IgE过敏程度）。

测定值越高

意味对某种过敏原越敏感。

测定值越高

意味着应该果断回避过敏原。

例如牛奶蛋白过敏，只能换成深度水解配方粉或氨基酸配方粉。

很多家长认为过敏和猩红热都发烧，很难分辨，其实非常容易鉴别。

过敏可能引起发热，但多是低热，很少出现高热。

而猩红热是链球菌感染，出现高热的同时并发呼吸道表现，并出现中度样精神不振的表现。

青霉素

过敏时需要去除过敏原，并使用抗过敏的药物，而猩红热需要使用青霉素类的抗生素药物治疗。

宝宝过敏和猩红热如何区分

很多家长认为过敏和猩红热都发烧，很难分辨，其实非常容易鉴别。

过敏可能引起发热，但多是低热，很少出现高热；而猩红热是链球菌感染，出现高热的同时并发呼吸道表现，并出现中度样精神不振的表现。

过敏时需要去除过敏原，并使用抗过敏的药物，而猩红热需要使用青霉素类的抗生素药物治疗。

春天主要是花粉过敏。对花粉过敏的孩子，出门时可戴上口罩。

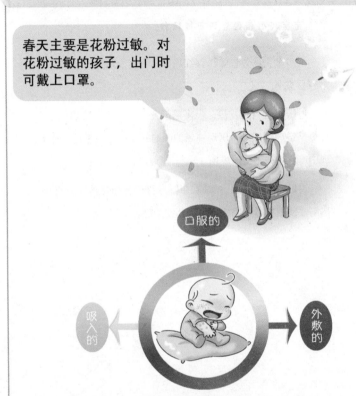

如果孩子在这个季节过敏非常严重，就需要使用常规抗过敏药，不管是口服的、吸入的、外敷的，都可以提高孩子在这个季节的舒适度。

季节性过敏如何预防

有人说春季容易过敏，从食物过敏的角度来说，是不分春夏秋冬的，但是对吸入物来说，春秋出现过敏症状就相对比较多了。

春天的主要致敏物是花粉，秋天主要是果实过敏，所以对待季节性过敏，特别是春天容易对花粉过敏的孩子，出门的时候要戴上口罩，这样可以减少过敏原对呼吸道的刺激，也可以减少孩子皮肤的不良反应。

如果孩子在某个季节过敏症状非常严重，就需要使用常规抗过敏药，不管是口服的、吸入的、外敷的，都可以提高孩子在这个季节的舒适度。千万不要因为担心药物的副作用就坚决不给孩子使用药物，而使孩子的生活质量受到明显影响。

"宝宝进食很痛苦，喉咙异物感要呕吐，食后全身发红"，这都是典型急性食物过敏表现。在辅食添加上给家长一些建议：

不要首选已混合好的食物；

不要给婴儿添加父母平时不吃或很少吃的食物种类；

孩子的食物种类和味道应逐渐接近父母。不是所有商品化的食物都适应自己的孩子，一定要有选择！

四个月的宝宝，吃奶量减少了，是因为添加了果汁吗？

对不满4个月的宝宝不应添加果汁等辅食。即使到了添加辅食的年龄，也最好不要给孩子喝果汁之类的甜酸液体，这有可能干扰吃奶。若想给孩子添加水果，可喂果泥。一岁内，最好选择味道不太甜、酸的水果，以免干扰奶的摄入。

防过敏，这四种食物不要吃

对于一岁之内的孩子添加的辅食，我们一般建议有 4 种食物不要吃：含鸡蛋清的食品、鲜牛奶及鲜牛奶制品、带壳的海鲜及相关制品、大豆和花生制品。为什么说 4 类食物不要吃呢？并不是说孩子吃了以后一定会出现问题，而是通过统计学的表明，吃这四类食物，孩子出现过敏的机会明显地增加，所以建议家长在孩子一岁之内不要给孩子添加这些食物。

其实，即使不吃这四类食物，孩子也有其他的食物为他提供足够的营养。如果家长已经给孩子吃了这四类食物，并且没有出现异常，那么家长也不要向周围的其他家长推荐这四类食物，因为别人家的孩子接触了这些食物后，有可能会出现过敏的现象。

牛奶严重不耐受的孩子，是不是连含有牛奶的面包都不能吃？

对牛奶过敏婴儿，不仅要停止普通配方粉，而且要停止所有含牛奶食物、疫苗、药物。停止普通牛奶期间，可先用氨基酸配方2—3周，换成深度水解配方3—6个月，再换成部分水解配方6个月，才可尝试含有牛奶的蛋糕和酸奶。一切顺利后，才可尝试普通牛奶。换用不同配方粉期间应得到医生的指导。

牛奶、大米、小麦都过敏，该吃什么呢

食物过敏主要影响消化道（呕吐、腹泻、大便带血等伴生长迟缓）和皮肤（湿疹和荨麻疹）、呼吸道。诊断的金标准是食物回避＋激发试验。进食某种食物后至少要观察72小时。若出现异常反应需停止进食，待观察症状缓解／消失后，再次进食同种食物，如果又出现类似症状就可诊断为食物过敏，需停止进食此食物至少3～6个月。过敏原检测只是辅助检查，不如食物回避＋激发试验准确。

确定过敏原，可选择同类食物的其他食物，如怀疑大米、小麦过敏，可选小米、燕麦、藜麦等。牛奶过敏选氨基酸／深度水解配方。食物搭配合理（特殊配方粉＋粮食＋肉＋菜）且进食量够就能保证婴幼儿正常生长。

引起过敏的三大原因：生后过早进食配方粉，特别是生后头几天；生产过程（剖宫产）和家中太干净，频繁使用消毒剂；滥用抗生素。一定注意，预防过敏的最好方法是母乳喂养，因为母乳喂养不仅提供婴儿所需且容易接受的营养

有没有可能吃鹌鹑蛋不过敏但吃鸡蛋过敏的情况？宝宝9个月，吃鹌鹑蒸蛋2-3个都没有过敏症状，吃了一次鸡蛋羹后出现脸上皮肤发红，随后拉稀。第二天早上起来肚子背部还有大腿处有红点，请问是怎么回事？

食物过敏不是对整个食物过敏，而是对食物中一些蛋白质过敏，称为过敏原。同类食物会有相同蛋白质，当然也会有不同蛋白质，比如蛋类，鸡蛋、鹌鹑蛋、鸽子蛋、鸭蛋等肯定有相似和不同之处。所以每种食物添加时，都要观察三天。遇到可疑过敏或不耐受问题，及时停掉，至少3个月不再食用。

素，而且母乳喂养这种独特的有菌喂养能帮助婴儿建立肠道菌群。

　　婴儿出现食物过敏，应回避相应食物和含有该食物的其他混合食物。如牛奶过敏，除停喂配方粉，还要停止进食含牛奶的面包、蛋糕等。既不要任意扩大限制进食的食物范围，也不要不顾及过敏食物。至于预防接种，只有口服脊灰疫苗含牛奶、流感疫苗含鸡蛋成分，其他疫苗与食物过敏关系不大。

六个月的宝宝到底能不能吃牛油果?

只要孩子能接受辅食,就没道理说孩子不能吃牛油果,也没理论说孩子一定能接受牛油果,一切都由孩子自身决定。但由于牛油果并不是中国人传统上常吃的食物,给孩子食用初期,先由少量开始。若无呕吐、腹泻、皮疹等不适,就可继续喂养。观察期至少三日。对奇异果、车厘子等都要如此观察,不可太主观。

牛油果那么好，为什么宝宝吃了会过敏

一位妈妈曾经来问，为什么大家都说牛油果营养丰富，而孩子吃了以后会过敏呢？一个 8 个月的孩子，添加辅食以后全身出现了湿疹，家长表示不理解。其实我们要知道任何的食物都是有营养的，但是不同地区的人们对不同食物的耐受是不一样的。

在中国地区，我们过去几乎吃不到牛油果，因为这并不属于我们这个地区出产的水果。现如今引入后，首先大人应该去尝试，特别是母乳喂养的妈妈，亲自尝试后再喂孩子吃奶，如果孩子没有出现反应，再给孩子直接吃才可能出现接受的现象，千万不要相信食品广告或是其他的什么言论就要给孩子添加。所有的食物都有营养，但是否适合孩子要根据孩子的情况来决定，并不能通过广告或是我们自行给孩子做决定。

一岁多的宝宝辅食
可以加调味料了吗？

之所以不鼓励给一岁以内的婴儿食物中添加调料，是因为奶、米粉、面条等食物中都已添加了婴儿所需的钠和氯等。如果再添加，就会过量，对肾脏和心血管远期健康不利。一岁后，如果婴儿对饮食味道兴趣不大时，就可适量添加食盐等调料，但应"尽可能少"。千万不要给孩子尝试味道重的食物。

六个多月纯母乳喂养宝宝
可以奶粉代替米粉吗？吃
米粉拉肚子不适应。

配方粉是为了母乳不足时无奈的补充之用，不属于辅食。添加辅食时，首先推荐大米米粉，生活中对大米过敏的孩子极少。如果对米粉接受不良，可考虑从大米粥开始，查看对大米本身的接受度。如果真对大米过敏，可考虑小米、燕麦、藜麦等食物。如果对大米本身不过敏，再换用其他品牌配方米粉。

鸡蛋很有营养，过敏还能吃吗

一位有湿疹的孩子来医院进行检查，家长说孩子曾经确诊过对鸡蛋过敏，但是现在完全不吃鸡蛋为什么还会反复出现湿疹？当我考虑孩子是否还有其他过敏因素的时候，孩子的奶奶在旁边说了一句话，我偶尔还会给孩子吃鸡蛋，因为孩子的奶奶觉得如果不吃鸡蛋的话，孩子大脑发育会有问题，身体发育也会有问题。

当我问孩子的奶奶，为什么明知道孩子对鸡蛋过敏，还要继续给孩子吃鸡蛋？孩子的奶奶说，过敏并不重要，重要的是孩子是否长得好。可是孩子的奶奶真的明白吗？孩子的生长情况包括身体和心理，反复的过敏不仅会让孩子身体持续不适，体内失衡，影响到他的生长发育，还会引发孩子的心理问题。所以，如果孩子对某种食物过敏严重，就一定不要再以"补充营养"为由出现在孩子的食谱中，一定给孩子提供他能接受的食物。很多食物都可以提供人体成长发育所需的各种成分，不要过于迷信某种食物，强迫孩子接受不适合他身体的东西。

图书在版编目（CIP）数据

崔玉涛图解家庭育儿：口袋版 / 崔玉涛 著 . —北京：东方出版社，2018.11
ISBN 978-7-5207-0583-7

Ⅰ . ①崔…　Ⅱ . ①崔…　Ⅲ . ①婴幼儿—哺育—图解　Ⅳ . ① TS976.31-64

中国版本图书馆 CIP 数据核字（2018）第 211264 号

崔玉涛图解家庭育儿：口袋版
（ CUIYUTAO TUJIE JIATING YU'ER: KOUDAIBAN ）

作　　者：崔玉涛
策 划 人：刘雯娜
责任编辑：郝　苗　杜晓花
出　　版：东方出版社
印　　刷：小森印刷（北京）有限公司
版　　次：2018 年 11 月第 1 版
印　　次：2018 年 11 月第 1 次印刷
开　　本：889 毫米 ×1194 毫米　1/40
印　　张：42.5
字　　数：1279 千字
书　　号：ISBN 978-7-5207-0583-7
定　　价：268.00 元（共十册）
发行电话：（010）85800864　13681068662

版权所有，违者必究
如有印装质量问题，我社负责调换，请拨打电话：（010）85893927